心理学与行为分析

一分钟读懂人们行为背后隐藏的真心

比微表情更神奇　比微反应更准确

许大鹏 ◎ 著

畅销2版

中国法制出版社
CHINA LEGAL PUBLISHING HOUSE

图书在版编目（CIP）数据

心理学与行为分析/许大鹏著．—2版．—北京：中国法制出版社，2021.3

（心理学与生活）

ISBN 978-7-5216-1601-9

Ⅰ.①心… Ⅱ.①许… Ⅲ.①心理行为-行为分析 Ⅳ.①B842

中国版本图书馆CIP数据核字（2021）第019564号

策划编辑：杨 智（yangzhibnulaw@126.com）
责任编辑：陈晓冉　　封面设计：周黎明

心理学与行为分析

XINLIXUE YU XINGWEI FENXI

著者/许大鹏

经销/新华书店

印刷/三河市国英印务有限公司

开本/710毫米×1000毫米 16开　　印张/15 字数/126千

版次/2021年3月第2版　　2021年3月第1次印刷

中国法制出版社出版

书号 ISBN 978-7-5216-1601-9　　定价：45.00元

北京西单横二条2号

邮政编码100031　　传真：010-66031119

网址：http：//www.zgfzs.com　　**编辑部电话：010-66054911**

市场营销部电话：010-66033393　　**邮购部电话：010-66033288**

（如有印装质量问题，请与本社印务部联系调换。电话：010-66032926）

前言

为什么总有人能够在工作中节节高升?

为什么总有人能够博得师生友人的喜爱?

为什么总有人能够做到别人做不到的事情?

我们之所以在生活中很难影响他人，很难做到优秀，很难讨人喜欢，往往是因为我们大多数人不能拥有很好的洞察力，不能有效地了解他人所想，不能做出最佳回复，也不能很好地把握与他人交往的尺度分寸。兵法有云:“知己知彼，百战不殆。”我们大多数人努力一番就可以做到“知己”，可是“知彼”却很少有人可以做到，所以我们才会被其他人故意“装”出来的外在表象所蒙骗，才会在高强度的社会竞争中处于下风，在复杂纷乱的人际关系中处处受到制约，从而在生活、事业中处处碰壁，跌得头破血流。

那么，我们应该如何判定他人的好恶?如何确认对方是爱自己还是恨自己?如何知道对方的承诺是真还是假?又如何能够在社会的洪流中洞悉先机、寻求机会?

细节是可以决定成败的，不论是职场升迁，还是恋爱交友，抑或是业务开展以及商务谈判，及时地发现对方微小的行为或反应，便于我们分析和了解对方的内心情感，让自己能够在合适的时候做出恰当的举动，获得良好的沟通效果。

个体动作是人类从进化起始就开始不断积累的人体反应，随着人类的进化不断演变，继而保存在我们身体基因和大脑深处的本能。不管一个人自控力有多厉害，在遇到有效的刺激时，他都会第一时间产生个体动作。对个体动作的解读是了解他人内心想法的核心，只要我们观察到了对方所产生的个体动作，那么即使他做出其他掩饰动作，他的真实情绪也无法隐藏。

在本书中，个体表情指脸部细微的表情变化，个体动作指身体的微小动作，个体语义则指语言中透露的真实含义。书中对这三大板块进行了详细的分类，每一个板块都做了解读和分析，总结出了人类在有情绪产生的时候所做出的特殊性反应。这三大板块共同搭建了我们了解人类行为的基本框架，通过对这三部分的相互学习、印证，使我们能够从细微之处更加准确地分辨出他人内心的真实情绪，从而更好地了解他人，让自己在生活中更好地与人相处，化解冲突，赢得认可。

目　录

第一章

个体表情初探

大家都知道面部表情会随着内心情绪的变化而变化，虽然有很多时候我们会掩饰这些情绪，但是只要一个人的内心出现了情绪波动，那么我们就可以在他的面部找到对应的线索。

第一节 常见的个体表情

人类面部可以形成 1 万多种表情，其中带有感情色彩的表情有 3000 多种，为了便于研究个体表情，我们将表情划分为喜悦、忧伤、愤怒、恐惧、惊讶、轻视、反感七大类。这七类表情分别通过眼、眉、口、鼻、耳、脸颊、额头、下巴等器官和表情肌肉之间的配合而形成。

现在，我们来分别剖析这七种表情的各自特征：

1．喜悦。当一个人内心感到喜悦时，他的面部就会呈现出脸颊上扬鼓起、眼睑收缩、眼角向上弯曲并形成鱼尾纹、眼睛闪烁着亮晶晶的光芒、眉毛微微弯起等表情，整个面孔也会看起来阳光明媚，充满感染力。

2．忧伤。当一个人感到忧愁、悲伤的时候，他就会额头轻皱、眉毛紧蹙、眼睛眯起、眼神深邃且沉重、嘴角向下拉、下巴轻颤。

3．愤怒。人在感到愤怒时会眉头拧起、双眉向下、嘴唇紧抿、两眼拉近、瞳孔放大、眼神充满火药味和侵略性、下巴前伸，此时心中的怒火一触即发。

4．恐惧。人在感到恐惧时会表现为眉毛上挑、眉头皱起、双眼大睁、瞳孔缩小、张口结舌、脸色惨白。有的人会表现为双唇发紫且哆嗦、牙齿打战、闭上嘴巴或者轻微张口。这就说明这个人在为某件事物或者即将到来的事情感到惊恐。

5．惊讶。人在感到惊讶时的表情和恐惧有些类似，眼睛和嘴巴都张大，但是惊讶时眼睛和嘴巴是处于松弛的状态，眉毛轻微向上抬并且眉头没有打结、瞳孔放大、眼睛投射出不信任但感兴趣的目光。

6．轻视。人在持有轻视或者蔑视的情绪时，微微上扬的嘴角是最好的体现，一般可将其理解为冷笑、讥笑或得意笑。此外，眼神会忽视对方，或者呈现出居高临下的状态。

7．反感。人在感到反感时，眉毛下垂、眼睛眯起、视距缩短、眼神饱含着排斥和厌恶、鼻子微微皱起或者嗤鼻、上唇微微抬起。

如果说表情能够反映一个人的内心，那么个体表情则隐藏着人们最真实的心理。个体表情几乎是一闪而过的，这种表情变化之快不管是表情的主人还是观察者都很难察觉到。即便是在实验过程中，也只有很少一部分个体表情被发现，也就是说，相对于人们有意识地做出的一些表情，个体表情更难以被人察觉。

尽管我们经常忽略个体表情，但是我们的大脑依然会受其影响，从而改变对别人的态度。举个简单的例子：商场中导购员对衣着寒酸的顾客笑脸相迎时却闪过一丝轻蔑的嗤笑，大多数顾客都不会察觉这个表情，但是大脑会受到影响。如果对方笑的时候只是一边嘴角上扬，并且眼角没有形成鱼尾纹，大脑就倾向于认为对方是在冷笑。

生活中，除了上述这七大类表情，还有很多其他个体表情，比如，瘪嘴就是典型的犯错、受委屈时的表情，而低头俯首是在羞愧时的动作表情等。通过了解和掌握常见的个体表情并与人们的真实表情进行比较，我们基本上能够做到对交流对象真实的心理情况进行准确判断。同时生活中还有一些蛛丝马迹会告诉你这个人是否诚实，如个体表情的持续时间都非常短，一般不会超过 1/5 秒，如果有的人做出恐惧或者惊讶的表情后，该表情的维持时间过长，那么他就很可疑，这多半是并非出于本心而伪装出来的表情。

第二节　每个人都会隐藏

在唐代文学家韩愈的《马说》中有这样的描写：“世有伯乐，然后有千里马。千里马常有，而伯乐不常有。”这句话是说千里马之所以从马群中脱颖而出，是因为有了能够辨别出它的才能的人，千里马才体现出自身所具备的价值。人类社会中同样有着这样的现象，要知道人类是善于伪装的，如果我们只通过对方所表现出来的一面就去给这个人打上标签，这是很武断的行为。如果不能了解当时的准确信息，就不能正确地探知对方的真实意图。

也许你身为人父、人母，或者是家中长辈、族中长者，又或者是为人子女、兄妹等，你一定会在社会中承担一个或者多个角色，只要在这个社会中生活，那么你就必须与其他人打交道，必须处理和自己有关的人际关系。人的一生会经历无数次选择和判断，然后做出一个又一个决定，从一个生活阶段进入另一个生活阶段。在不同的生活阶段，我们会接触到不同的朋友和陌生人，每个人都拥有自己独特的性格和个人喜好。

在和这些人相处的时候，我们的一些话语或者行为会引发对方的认同或者反感，在一些负面情绪产生后，如果对方直接表现出来，那么我们就能知道对方真实的内心情绪。如果对方因为场合或者彼此之间的关系等原因选择隐藏真实情绪，我们自己又没有察觉到对方的异常，就会导致负面情绪不断激增，直到产生很严重的后果。

在现实生活中，不论是我们自己还是他人，都会因为一些原因而撒谎，在这种情况下我们又是如何去判定他人的言语是机会还是圈套？中国人都有一种“报喜不报忧”的心理，每当我们和家人通电话时，总是听到父母一个劲儿地说自己很好，那么他们是真的过得很好还是不想给子女添麻烦？朋友间聚会，有的人显得热情似火，有的人显得沉默寡言，热情似火的人就真的开心，而沉默寡言的人就真的不悦吗？在面对危险的时候能保持淡定，或是心中明明是厌恶却能装出喜欢，撒谎的时候又十分真诚，这样的人是本性善良还是大奸大恶呢？这些都是人生百态的缩影。

人之所以隐藏自己内心的真实想法，就是因为人与人之间存在着心理安全距离。每个人都有自己的戒备心、防卫心，没有谁愿意随意敞开自己的心扉，把自己脆弱或者不好的一面展示给别人。

但是不管人们如何会演戏，都很难控制自己的个体表情，也就是说个体表情是装不出来的。所以在生活中，如果我们拥有敏锐的洞察力和辨别能力，就能够真正了解对方，事事洞察先机，不仅能讨家人、爱人、身边朋友们的喜欢，也能在社会、集体中得到领导、长辈的器重，对自己的生活、事业提供巨大的帮助。

第三节　从个体表情洞察心理

大家都知道面部表情会随着内心情绪的变化而变化，虽然有很多时候我们会掩饰这些情绪，但是只要一个人的内心出现了情绪波动，那么我们就可以在他的面部找到对应的线索。

人为什么会流露出表情？

这是由两种原因引起的：

第一，自然而然的表情是内心情感的真实体现，真情流露能够帮助我们排解心理压力，不易患上心理疾病或其他疾病。

表情从广义上来说属于情绪的一部分，神经心理学也将表情纳入情绪之中，认为表情是神经系统对刺激源进行分析和判断之后，所产生的某种兴奋或压抑的情绪，并指挥身体做出反应和应对。也就是说，内心情绪一定会有外在的表现，表情的产生完全受控于大脑，在不同的刺激条件下大脑可以让面部肌肉组合出不同的表情，而且不管是神经系统还是情绪的外在表现，都同样具有生理意义。

第二，表情同时也是一种可以人为操纵的面部动作，能够帮助我们掩饰内心的真实情感，以免暴露自己的真实意图，影响人际交往和沟通。

在现代社会中有很多规则，而人与人之间交往时会下意识地遵循这些规则，有了约束就意味着不能随意表达自身情绪。在这种情况下，真实情绪的表现就会十分隐晦，相应则会产生“伪装表情”。

由此可见，我们自己做出的表情以及看到别人做出的表情既可能是真情流露，也可能是刻意伪装的。真实表达内心想法的表情总是转瞬即逝，如果想在这个纷杂的“假面舞会”中准确捕捉他人真实的内心情绪，分析表情（尤其是那些经过操纵和伪装的表情）背后的秘密，就需要我们更加细心地观察和留意个体表情。

“基线表情”帮你看透陌生人的心

上文讲到表情是具备生理意义的，也就是说，有表情但不一定有情绪。从出生开始，我们通过不断学习和积累，可以轻松地做出很多表情，有些表情甚至已经成为一种生活习惯。比如，我们紧闭嘴唇，除了可能是因为自我抑制的情绪表现之外，还可能是阻止自身呕吐欲望的表现。再如，在和某个陌生人交谈时，对方习惯性地嘴角上扬，我们可以据此判断他的内心已经开始排斥或者蔑视我们了吗？这个人很可能本身就有抽动嘴角的毛病。这就给我们借助个体表情去判断一个人的内心带来很大的阻碍。

所以我们在用个体表情判断一个人内心的真实情况的时候，不能忽视对对象的了解熟悉程度。面对熟悉的朋友，可以直接对照个体表情进行判断，而面对陌生人，则需要先观察对方自然情况下的面部表情，在自己心里设定一个“基线表情”，然后在交谈中观察对方的“基线表情”之外的个体表情，并根据“基线表情”来对它们进行判断。

某学校组织了一次志愿活动，目的是测试学生的知识范围。参加这次测试的志愿者分为A组和B组，一个A组成员和一个B组成员组成一个团队，一个老师负责一个团队的测试。具体规则是：由老师出10道题，答对1题，每人获得10美元；题目难度很高，但是有现成的答案放在那里，而老师在把题目念到一半的时候会借故离开一段时间，然后返回教室继续出题；等测试结束后对每个A组成员进行单独采访，并将采访过程录制下来。

需要指出的是，所有的B组成员都是学校雇用的“托儿”，老师借故外出也是事先设计好的。在老师不在的这段时间，B组成员会故意鼓动A组成员一起偷看答案，以便获得更多的奖金。在测试完成后的单独采访时，提问人会提很多问题，比如参赛感受、所修课程等，在问这些问题的时候，提问人会假装无意地问A组成员：

“老师离开的时候你有没有偷看答案？”结果在采访结束之后，每个A组成员都觉得这只是普通问答而已。

随后一位心理学教授给自己的学生播放了一组采访视频，然后让学生找出其中哪些人在说谎。下面是一位学生的判断思路：第一位女生眼神散乱，撒谎；第二位男生经常单肩抖动，撒谎；第三位重复问题，撒谎；第四位揉鼻子，撒谎；第五位回答问题时眼睛一直向右看，撒谎……结果在10人之中，他认为讲真话的只有2人。整班学生的判断结果基本类似，理由也差不多，但是真实情况让人难以置信，教授播放的这组视频中，10个人都没有说谎。

后来，教授针对不同职业的人群进行同样的测试，结果判断准确率大都不到50%。所有职业人群中教师和警察的正确率最高，将近80%。其中有位判断准确率很高的教师坦言：“我从他们走进采访室的时候，一看到他们的脸，就知道他会不会说谎。”这明显是职业使然，经验老到的教师一生中监督过无数场考试，很少有学生能够逃过这双“法眼”。

而警察却是有依据地进行推断，他们使用了“基线表情”这种方法。他们在看视频的时候会先仔细观察A组成员的面部表情，在心中建立一个“基线表情”，也就是对A组成员在回答一些不会说谎的问题（如姓名、专业、年龄等）时的反应进行观察，因为A组成员回答这些问题的时候面部会自然地呈现一些表情，这些表情就是“基线表情”。在问到关键性问题时，A组成员如果说谎，那么他们表现出来的表情一定会不同于“基线表情”。

所以，要想通过个体表情来判断陌生人是否说谎，一个可靠、有效的办法就是利用“基线表情”。这是因为它是人们自身真实情感的流露，是自然的神经反应，而在违反内心真实情感、制造假表情的过程中，被测试者就会做出区别于“基线表情”的表情。

在使用个体表情分析真实心理时，还要注意刺激源与被测试人的个体表情之间存在的逻辑关系。比如，我们在对测试人进行负面刺激时，他不应该出现兴奋、开心、满意等正面积极情绪。根据逻辑关系分析，不仅可以预测被测试人的个体表情反应方向，还可以弥补假表情与“基线表情”对比结果相同的情况，再结合情境判断，这样得出的结果会更准确。

第二章

个体表情的基础类别

恐惧的情绪不论以什么样的形态出现，也不论当事人自身如何进行掩饰，总会在面孔上露出蛛丝马迹。经过我们的上述分析，这些蛛丝马迹也已经浮出水面——当一个人恐惧时，不管面部有什么其他变化，他的双眉一定会呈现扭曲状态，眉头也会高于平时状态，眼睑会拉升，露出虹膜，而眼睛的大小与刺激源的大小有关，这些因素组成特有的恐惧表情，缺一不可。

第一节　喜悦的表情

喜悦的意思很简单，《辞海》的解释为："非常愉快、高兴。"笑容就是喜悦的面部表情，是世界上最美丽的表情，同时也是人从出生开始就拥有的表情。

人为什么要发笑？

唐代诗人寒山有这样一句诗："顺情生喜悦，逆意多瞋恨。"这句诗是说遇到顺应心意的事情，我们就会感到喜悦，而当事情违逆自己的想法时，我们就容易心生不满。从情绪的角度来讲，喜悦源于自我的满足或超满足，用专业术语讲就是——大脑接收的信息远超出心理预期。也就是说，一些人或事情能够给当事人一种满足或是超满足的感觉，此时他就会"顺情生喜悦"，表现在面部上的表情就是露出笑容。

具体而言，我们可以将产生笑容的情况分成三种：

第一种是生活中的喜悦。产生这种喜悦的原因一般不是什么惊天动地的大事情，可能是炎热夏季里吹来的一阵凉风，或是在节日里接到朋友的一条祝福短信，也可以是早晨呼吸到清新的空气、感受到温暖的阳光等。这些事情虽然小，但是可以让我们的心情自然而然地愉悦起来，绽放笑颜。

第二种是生命中的喜悦。产生这种喜悦的原因都是人生中的大事，古人将生命中最大的喜事总结为四件——久旱逢甘霖、他乡遇故知、洞房花烛夜、金榜题名时。当这些事情发生在自己身上的时候，这种非常巨大的、很难用具体的语言来形容的喜悦产生的笑容是最为饱满的，甚至让有些人表现出极端表情——喜极而泣或手舞足蹈。这种情绪的产生主要是因为这些事情达到或超过了心理预期，实现了自我满足。

第三种是出乎意料的喜悦。这种情绪表达了当时所做的事情产生的结果远远超出了心理预期。这种喜悦之情来自意料之外的喜事，常被称为“惊喜”，“惊喜”二字也很好地诠释了当事人内心的波动是非常剧烈的。在面对这种事情时，一般人都很难维持常态，在这种情绪下产生的笑容会过于夸张，面部的表情甚至会出现扭曲。大多数人都能够承受巨大的“惊喜”，但有的人会因此出现精神错乱，如《儒林外史》就描述了一位心理承受能力差的人——范进，范进在收到金榜高中喜讯的那一刻，因情绪波动过于剧烈竟然“喜疯了”。

如何区分真正的笑容和虚假的笑容？

虽然喜悦会带来欢笑，但笑容并不是表达开心喜悦的唯一表情，甚至有的时候笑容还会掩饰真正的内心情感。内心情感不同，笑容也会有很大区别，通常可以分为大笑、微笑、嘲笑、苦笑、憨笑、冷笑等，种类之多不胜枚举，普通人有时候是难以区分各种表情的。笑容可以适用于任何社交场合，不论内心是怎样一种状态，我们都可以轻松地做出礼节性的笑容。有研究表明，人在说谎的时候通常会做出大量笑容来“打掩护”，这样做有两种效果：其一是为了自我安慰，平复自己内心慌乱、紧张的情绪；其二是为了迷惑对方，以示亲近，从而达到掩饰谎言的目的。很多人在谎言被揭穿的时候，仍然会以笑容来掩饰自己的尴尬。

不同内心情感驱动的笑容、礼节性的笑容、掩盖谎言的笑容，它们真真假假、假假真真，令人揣摩不清，我们该如何判断一个人笑容的真假呢？这时候就需要借助个体表情来洞察对方的真实情绪。

“国际标准微笑”，也被心理学家称为“典型的假笑”，这种微笑要求对方在距离你三米之外的地方就能够看到你的笑容（需要露出六颗或者八颗牙齿）。之所以说它是假笑，因为这种笑容背后的内心情绪和面部表情是不一致的。

真正的笑容有以下特征：眼睛有眯起的动作，下眼睑提升、收紧、突起，眼睛下方出现笑容沟纹，眼角外侧出现鱼尾纹；嘴角向耳侧拉伸；眉毛向上挑；脸颊隆起等。真正的笑容所显现出来的表情会使颧骨主肌和眼部周围的眼轮匝肌收缩，这两组肌肉的协同运作是笑容必不可少的步骤。这是露出真心笑容时自然发生的，并不受主观意识的控制。只是根据刺激源影响的大小，肌肉收缩的程度不同而已。

眼轮匝肌，顾名思义，它的作用主要是控制眼睛附近的肌肉，并且其使用频率很高，许多表情都需要这组肌肉来配合，从而形成完整的面部表情。真正的笑容是产生在内心喜悦程度很高的时候，这时眼轮匝肌会自然收缩，让脸部出现明显的变化：下眼睑凸出、缩短，并且向上提升，遮盖部分虹膜，同时上下眼睑之间相互挤压，会让外侧眼角形成鱼尾纹，而脸颊向上隆起，与下眼睑之间形成特有的面部笑容特征。

最重要的是真笑的时候眼睛的闭合方式与其他表情中眼睛的闭合方式是不同的，它是下眼睑向上提升绷紧并向上闭合的，上眼睑的动作十分小，这是笑容里特有的。而正常闭眼是上眼睑向下闭合的，是以上眼睑作为主导做出的动作。

颧骨主肌的作用是负责嘴巴的一些动作，如嘴角向两侧拉伸的幅度，它主导了笑容这个表情里下半部分的脸部形态，而其他肌肉则协同配合这个动作。作为笑容里下半边脸部肌肉组织的指挥官，颧骨主肌的剧烈收缩会让嘴角向双耳的方向拉伸。这时上唇会变长，同时提口角肌和提上唇肌也会收缩，而上唇的变长、拉伸会让上唇处于最高位置并露出上齿，有些人还会露出部分上齿牙龈。在提口角肌和提上唇肌、提鼻翼肌的共同作用下，上唇充分向上拉升，同时挤压鼻翼两侧，会出现很长、很明显的“沟”。同时下颚下垂，嘴巴张开，这个表情有别于恐惧和惊讶的表情。恐惧的时候，下巴会向下拉；而笑的时候下巴不会向下拉，是向颈部贴近，这样会使整个面部表情变得更加平缓。

而假笑时一般是没有眼部动作的，本身就会给人一种很不协调、非常虚假的感觉。因为它是通过主观意识控制面部肌肉的收缩，从而形成一种咧开嘴或是挑起嘴角的面部表情，这样的笑容在眼睛的外侧不会形成鱼尾纹，“皮笑肉不笑”指的就是这种笑容。也有人会非常夸张地笑，这时候他整个面部的肌肉都会被调动起来，给人造成一种眯起眼睛的错觉，但是你如果认真观察就会发现，他眼角的鱼尾纹和上扬的眉毛是没办法伪装的。

其实，对于某个人的笑容是真是假，我们还可以通过其面部表情变化呈现的先后顺序来进行分辨。真正的笑容都是由嘴部动作开始，然后带动脸颊动作，最后眼睛才会眯起，同时眼角形成鱼尾纹。而虚假的笑容则是眼睛、嘴巴同时动作，或者是嘴笑眼不笑，这样的表情整体上就会给人一种不自然的感觉。这种故意收缩面部肌肉而形成的假笑与内心喜悦所产生的自发笑容是不同的。

第二节　愤怒的表情

和喜悦一样，我们每个人都会有生气的时候，有愤怒的情绪，它让我们怒火中烧、怒发冲冠，在愤怒的驱使下失控地冲动行事。愤怒情绪具有突发性的特点，因为愤怒是带有攻击性的情绪，而速战速决是所有战斗的天然要求。所以，这种情绪出现和爆发的时间非常短暂，有时候不易捕捉。而且有些人的愤怒情绪是压抑的、隐忍的，若是不仔细观察，你可能并不能深刻领会到对方内心的愤怒，导致应对失策。想要更好地理解愤怒的表情，就先从导致愤怒情绪爆发的原因入手吧。

愤怒因何而来？

愤怒就是某些事情没有达到心理预期，从而引发的紧张、不满的情绪。有时候，愤怒还表现为对现今社会的某些现象或者其他人的遭遇，甚至与自己无关事情的极度反感，此时所引发的情绪反应也是愤怒，“义愤填膺”指的就是这种状态。

愤怒是一种很原始的情绪，心理学家称三个月以上的婴儿就已经拥有愤怒的情绪。导致婴儿愤怒的直接原因是：大人们出于安全考虑限制婴儿的活动范围，如希望婴儿按时睡觉、不能在地上爬来爬去等。在这样的情况下，哪怕是一个三个月大的婴儿也会通过他皱在一起的小脸、哭闹不止、乱蹬乱踹来表达对约束的愤怒。

愤怒情绪的产生和爆发与生活是密切相关的。生活中能够引发愤怒情绪的事情形形色色，如排队时有人插队、走在马路上被急速驶过的车辆溅一身水等。愤怒的产生是因为当事人感到一定的“威胁”，这种威胁可大可小，它们普遍存在于生活中，如挑衅、言语威胁、武力胁迫等。如果当事人主观上觉得刺激源会对自己造成威胁，并且对刺激源进行评估之后，认为刺激源所带来的威胁经过自身的努力可以消除，如采取某种手段进行反击，那么当事人就会产生愤怒的情绪并爆发出来。这种带有攻击性的欲望，就是产生愤怒情绪的根本原因。也就是说，愤怒这种情绪的产生来自自身意识的主观判断，并且满足“经过分析之后确信自身具有消除威胁的实力”这个前提条件时才会产生愤怒。

如何通过表情观察出对方的愤怒指数？

在当今社会中，愤怒情绪的表现会受到社会规则和道德准则的约束，而且不同的人因为自身的修养和判断事情的角度不同，对同一件事情的态度也不同，这样就会对我们判断当事人是否处于愤怒情绪带来很大的不便。再加上一些涵养很高的人，不会轻易流露自身的愤怒情绪，即便他处于怒火中烧的状态，表面上看起来也很平静。这时候我们就要仔细观察他的表情变化，通过表情来判断对方是否感到愤怒。

脸色的变化，是一个人内心世界是否有剧烈情绪波动的直观表现。如果一个人内心过度愤怒，而又因为某些外在因素不能发作，那么他的脸色一定会有非常大的变化。有个成语准确地诠释了发怒时脸色的异常——面红耳赤，我们经常说的“××脸都气成了猪肝色”正是发怒时的脸色特征。

紧闭的嘴唇也能体现一个人的愤怒，嘴部的肌肉主要分为口轮匝肌、降口角肌、颏肌三部分，这三部分有着共同的作用——当它们收缩时就会让嘴唇紧闭。打个比方，女孩子嘟嘴的时候其实就是颏肌和降口角肌共同收缩的结果，这时如果口轮匝肌也参与收缩，那么嘴唇就会加大闭合力度，轻则表示心绪不悦，重则代表压抑愤怒。如此通过不断增加的力量来抿紧嘴唇，从而达到阻止自己愤怒情绪爆发的目的。

眉眼的形态则是愤怒情绪最直观的体现。当眉毛向下压、上眼睑向上提升、下眼睑拉直、虹膜上半部分露出更多时，就表示这个人处于愤怒的状态。而且越是愤怒，上眼睑和眉毛之间的距离就会越近；反之，愤怒情绪如有减轻，那么他的眉眼就会放松到平常的距离。如果上眼睑向上提升，使压低的眉毛和瞪大的眼睛同时出现，就会产生怒目而视的感觉。

第三节　悲伤的表情

这个世界上的所有生命都有一种本能，那就是趋利避害。然而，人们依然还是要面对很多不如意的事情，如生老病死、时光流逝、情场失意、亲人别离，这些不能达到心理预期或者是让我们受到物质或者精神层面损失的事情，不论是发生在自己身上还是别人身上，都是诱发悲伤情绪的“罪魁祸首”。

悲伤程度的强弱主要取决于所受损失的大小，与当事人做出主观判断有很大关系。同样一件事，发生在不同的人身上，所表现出来的悲伤情绪也是不尽相同的，有人会无语凝噎，有人会小声啜泣，有人会号啕大哭。这与个性有关，也与价值观、人生观、世界观有关。

痛哭是否等同于悲伤？

在悲伤的多种不同程度的表现之中，痛哭是最饱满、程度最深的悲伤反应，是悲伤情绪的典型外在表象。

痛哭时，我们的面部表情是复杂的，需要很多肌肉的协调配合。首先需要眼轮匝肌收缩，使眼睑有力闭合，哭得越剧烈，眼睛周围皮肤的收缩力度就越大；同时提上唇肌收缩，使脸颊向上提升；颈阔肌收缩，让嘴巴向双耳的方向平行咧开；降口角肌让嘴唇下拉，颏肌向上提升，使嘴唇整体形成“W”形。

这些肌肉组织相互协调运动，共同组成痛哭的面部表情。也就是说，人为地依靠主观意识去操控面部肌肉，是不可能伪装出逼真的痛哭表情的。当一个人痛哭流涕时，他可能是真的因为某件事而悲伤不已，也可能是装作对某件事悲伤不已，但即便是表演出来的痛哭，也是在其他悲伤记忆的驱使下才做出来的，并不能凭空地哭得如此悲痛。所以说，痛哭等同于悲伤，不管究竟是因何缘故导致的悲伤。

平静面孔下的悲伤

众所周知，许多引发悲伤情绪的事情都是很难挽回的，所以强烈的悲伤情绪一旦出现，就会直接引发痛哭。平静面孔下的悲伤情绪与痛哭有着明显的不同。痛哭是非常消耗能量的，无法长时间维持下去，而潜伏在平静面孔下的悲伤却恰恰相反，这种情绪很少消耗能量，只是身体能量的正常流失，因此这种悲伤情绪可以持续很长时间。所以大多数人在痛哭之后，就会将这种表现在外的悲伤情绪转化为内在的情绪，不再以激烈的形式发泄出来。这时候的面部表情已经非常接近正常了，如果不仔细观察对方面部表情的细微之处，是很难发现对方还处于悲伤情绪之中的。

这种内敛的悲伤情绪需要我们仔细分辨：当悲伤的情绪缓解之后，面部的肌肉会慢慢松弛，眼睛和嘴巴都会恢复常态，然后脸颊回落，不再鼓起。虽然这时眼睛接近于正常状态，即便有些睁大或者略微闭合，也属于正常范围，但是如果仔细观察当事人的眼睛，我们就会发现当事人的眼神空洞散乱，这是内心还在追忆过往时的面部表现；而此时眉毛的形态则比较特殊，虽然眉毛并没有明显下压，但是眉头会轻微上扬，眉间也会出现轻微的褶皱，仿佛是在“锁住”悲伤的情绪，正常状态下的眉毛是不会出现这种状态的；嘴巴这时候会因为降口角肌和颏肌的轻微收缩形成嘟嘴的状态。简言之，悲伤情绪的面部细微表情就是已经接近正常状态的眉眼和轻微嘟起的嘴巴。

在这三处表情中，最能够判断出对方处于悲伤情绪中的是当事人的眉毛。有研究表明，即便在一个平静的面孔中，加上必要的眉毛形态，就可以有效地表达悲伤。书刊杂志中通常也会用这样的句子形容一个人的悲伤，如“他的眉眼间有一抹化不开的悲伤”。

当一个人处在悲伤情绪中时，睁开的眼睛会让眉毛的形态变得复杂。额肌会与皱眉肌产生反向的作用力，额肌向上运动，皱眉肌向下运动，眉毛先向下压低，再由眉头向上拉，而且这种拉升的幅度要大于痛哭时的幅度。即便是悲伤指数下降，眉毛也会因为心中留有悲伤的情绪而保持这种状态。在每张悲伤程度不同的面孔中，眉毛都会有一定程度的扭曲，这种在眉头一侧 1/3 处的扭曲程度就代表了悲伤的程度。这种眉形是悲伤的典型特征之一。

因此，双眉皱起下压，眉头上挑，眉间褶皱，眉形在 1/3 处出现扭曲就是判断平静面孔下是否潜藏了悲伤情绪的表情。虽然同形态的眉形也会出现在恐惧的表情中，但是恐惧的表情一定要配合眼睛睁大，而悲伤则是眼轮匝肌收缩，眼睛有闭合的动作，二者是有明显区别的。

悲伤情绪的衍生表情

在生活中，悲伤还会产生许多衍生表情，这些衍生表情都是特定情况的产物。比如，因为自身的某些原因对关心自己的人造成伤害，以至于对方远离自己，自己醒悟后就会怀有强烈的自责和后悔，这种情绪被称为愧疚；还有当我们对一些已经发生了的事情无力挽回的时候，在心中就会产生无奈的情绪，从而形成苦涩的表情。这些表情都是因为某些损失所造成的，也是悲伤情绪产生的主要诱因，所以会有非常高的概率引发悲伤的情绪。

对于这些情绪的判断，我们可以对当事人的下半张脸进行分析，内心的真实情感是可以通过悲伤情绪的嘴部表情表现出来的。比如，噘嘴时，颏肌作为核心的动力，通过收缩，向上推起下唇，使上唇拉直，而下唇下方则会出现凹凸不平的隆起；这时候降口角肌收缩，让嘴唇下垂；口轮匝肌收缩，促使上下唇紧紧地抿在一起。这种嘴部表情所表现的是不认可但是又无可奈何的情绪。这种表情和纯粹的悲伤相比，多了一份无奈和坚持，对负面结果的产生既不服气又无计可施。

第四节　惊讶的表情

在上学的时候大家常听到老师说这样一句话：“睁大你们的眼睛看看，这道题是怎么解的！”在现实生活中，当老师需要强调一个问题的重要性时，都会让学生睁大眼睛仔细看。这是因为人们睁大眼睛的时候有诸多好处，如更容易采集到光线，更容易看清楚对象，获得更多的视觉信号，便于采集所处环境的情况信息，从而起到帮助大脑判断刺激源的性质和程度大小的作用。

反过来，人在被刺激源有效影响之后，产生惊讶情绪的一瞬间也会下意识地睁大眼睛。此时还会停止一切肢体动作，然后抬起头、睁大眼睛、挑起眉毛、张开嘴巴，这一系列动作组成了惊讶情绪标准的面部表情。

惊讶的情绪从本质上来讲就是人体的本能反应。这种表情出现的原因是，在人们接收到刺激信息的时候，在本能驱使下停下一切肢体动作，从而保证大脑思维的高度集中和高速运转，在很短的时间里（研究表明人内心感到惊讶的时间大约是 1/4 秒），被激活全部的感觉器官（感觉器官集中于面部）消耗了全部神经系统的力量来努力收集刺激源的信息。在主体主观判断刺激源没有危险之后，身体才会继续原来的动作。这样既是谋而后动，对刺激源做出正确的应对，也是因为主体本身能量消耗剧烈，无暇顾及其他事情。

惊讶的表情特点

惊讶的面部表情和恐惧的面部表情是有一些相似之处的。惊讶出现时，额肌会充分收缩，双眉整体上移，前额可能会形成横纹。上睑肌收缩，在和额肌的共同作用下使眼睛充分睁大，露出虹膜以及部分上眼白。这样可以露出更多眼球，便于采集光线和刺激源的信息。

此外，人在惊讶时还会下颚下垂，下嘴唇向下移动，嘴巴自然张开，上嘴唇保持自然，同时配合一次快速吸气。人在受刺激的一瞬间，是不能马上判断出刺激源对自身是有利还是有害的，这时候身体便会在条件反射下做出一些准备——先吸一口气，为身体接下来的动作提供能量储备。

因为主体接触到刺激源的时间是不受主体控制的，所以主体在停止一切肢体动作的时候，可能会以不同的身体形态做出惊讶的表情。就头部的形态而言，可以是偏着头、低着头、侧着头，甚至头部根本不面向刺激源。

在这一瞬间的惊讶（判断过程）之后，如果主体察觉刺激源是善意的，那么就很可能继续前面所停止的状态，也可能会产生奔跑、欢笑等肢体活动来表达内心的惊喜。如果刺激源是负面的，那么大脑就需要做出判断，是逃跑还是战斗。

在实验中，研究者还发现人的大脑可以将意外刺激源的风险等级分得很细，不同风险的刺激源引发的惊讶表情也不同，风险程度越低，惊讶的表情也就越难以辨认。中等程度的惊讶与饱满程度的惊讶相比较，就显得眼睛睁开的程度不够大，眉毛抬的程度不够高，嘴巴可能只是轻微张开，甚至不张嘴，如果没有张开嘴，那就一定会有通过鼻子进行深呼吸的动作。到了轻微程度的惊讶时，可能只会眼睛睁大，而眉毛由于主观意识的控制几乎没有太大的变化，仅保留上眼睑的提升。

在现实生活中，达到饱满程度的惊讶表情是很少见的。因为现今社会资讯大爆炸，人们的见识都很广，不会对新鲜事物表现出太多的好奇和诧异，而且成年人不喜欢公开自己内心的真实想法，很少喜怒形于色。

这样分析下来，惊讶的表情已经很明显了。在惊讶这个表情中，眉毛可以没变化，嘴巴可以不吸气，但是上眼睑一定会上提，露出比平时更多的虹膜上缘；并且在眼睛睁大的那一瞬间，整个身体都会通过静止来配合；吸气可以通过鼻子来完成，而且这个动作不容易被察觉，但吸气的趋势是一定会有的。

惊讶是一种过渡型表情

惊讶情绪所产生的表情属于过渡型表情。惊讶情绪产生的过程就是主观意识对刺激源进行判断的过程，一旦当事人的主观判断有了结果，那么表情就会由惊讶转变为其他类型的表情。

一般来说，出现在惊讶表情之后的会有恐惧、喜悦或愤怒的表情。在转换过程中，上一个表情并不会全部消失，而是会或多或少地保留一些惊讶的表情。这就导致上一个表情遗留下的表情会和另外一个表情相结合，从而形成了新的组合表情，这种表情被形象地称为惊恐的表情、惊喜的表情或惊怒的表情。

打比方说，当刺激源给我们带来足够多也足够刺激的信息时，我们会做出惊讶的表情，而在大脑判断之后发现刺激源是积极性的，那我们就会由惊讶转变为惊喜，就好比我们买彩票之后中大奖、足球赛中喜欢的球队以弱胜强等。在生活中因为主体主观需求不同，所以不同的事情都有机会引起主体产生惊喜情绪的机会，这种惊喜的情绪在生活中是很常见的。

小刚在学校里面是数一数二的好学生，不论是笔试科目，还是体育项目，他都能够考出优异的成绩。在生活中，小刚也特别喜欢帮助他人，和同学、朋友之间相处得十分要好，不仅是老师眼中品学兼优的优等生，也是同学们心目中的好伙伴。

这天，一年一度的家长会要召开了，小刚十分期待，同桌小红发现小刚很亢奋，就说道："小刚你可牛了，老师一定会在家长会上表扬你的，你可是我们班的榜样！"小刚笑了一下，没有接话。

半个小时后，家长们基本上都到齐了。老师看了下时间，走进教室，他看了看小刚，然后对他说："小刚，你爸爸打电话和我说他临时有事，不能来参加家长会了。"小刚的眼神一下就暗了下来。老师看了摇了摇头，准备开始会议。

这时候忽然听见教室门口传来敲门声，小刚抬起头，一下子呆住了，两只眼睛睁得大大的，眉毛高高扬起，满眼的不可思议，嘴巴张开深吸一口气，站起来惊喜地叫了一声："爸！"小刚的爸爸冲小刚笑了笑，和老师道了声抱歉，走到小刚身边，然后拍了拍小刚的肩膀说："对不起，爸爸迟到了。"

相反地，如果刺激源带来的是大量的负面刺激，就会产生负面情绪并表现出相吻合的表情。当我们突然间在草丛中发现一条蛇时，自然又惊又怕，会下意识地做出惊恐的表情；有的人曾经做过违法乱纪或是一些违反公共道德的事情，在真相被揭穿的那一瞬间，他是惊讶的，当行为人发觉自己的所作所为引起的后果非常严重时，就会产生既惊讶又恐惧的情绪。此外，惊讶也会转变为悲伤，如知道了非常不好的消息；也可以转变为愤怒，如老板受到员工的挑衅；也可能转变为厌恶，如看到朋友家本来很可爱的小动物变得又脏又臭等。

第五节　厌恶的表情

厌恶其实就是一种讨厌、憎恶的情绪。这种情绪在所有负面刺激所引起的情绪中属于反应较轻、较温和的一种，而愤怒、恐惧和悲伤这三种情绪，都会引发比厌恶更严重的后果。

引发厌恶情绪的原因

引起厌恶这种情绪的本源，是人体对腐烂食物本能的排斥。在缺乏食物的年代，人类祖先因为饥饿而吃了腐烂的食物，导致生病和死亡，所以这种排斥是人类在漫长悠远的进化过程中用生命换来的经验和记忆。

厌恶的功能之一就是让我们远离恶心的东西，没有人喜欢与自己排斥的事物在一起。虽然现代社会的人们在日常生活中很少会主动或不经意地食用腐烂的食物，因此直接引发的厌恶情绪相对较少，但人们仍会对一些让自己反感的人和事产生这种排斥反应。比如，身边的同事喜欢向上司打小报告或者是朋友翻看自己的手机，这种让人排斥的事情不断升级后，就会引起厌恶的情绪，就好像这些人的所作所为散发着和腐烂食物相同的恶臭一样，因此我们通常喜欢用垃圾或渣滓这种词语来代替不喜欢的人或事物。所以，法学家威廉·米勒总结道："厌恶是一种道德准则，他让我们不会对一些感到厌恶的人或事情进行妥协。"

如何去判断这个人或事物是让我们所厌恶的呢？这主要取决于主体自身的人生观、价值观、世界观。这些观念会帮助我们对自己身边的人和事进行主观判断，不同的思维对同一件事情的判定也是不同的。通俗地讲，现今社会中引发主体厌恶情绪的事情都是有违主体的主观认知的。

有一个女孩来心理咨询中心求助，她因为触摸性洁癖给自己的生活和工作造成了巨大的困扰。在咨询过程中，这个女孩被邀请进入一个房间。此时，她要先套上鞋套，并且不准别人碰触她的身体，如果要和她握手，必须先用净手液洗手才行。她的行为之所以这么怪，是因为女孩形成了“外界的一切都很脏”的固定观念，这种观念迫使她这样“干净”地生活。

有研究表明，人一般是在4岁到8岁才会产生厌恶这种情绪。因为在4岁之前的孩子心中，这个世界上很多事物都是新奇的，他（她）也并不知道这些事情会对自己产生什么样的后果（没有形成明确的辨识力和人生观），在没有对某一件事物产生明确的认知之前，孩子是不会表现出对这个事物的厌恶情绪的（除人的身体会本能地排斥腐烂食物外）。

厌恶时的细微表情

厌恶情绪是有轻重之分的，在刺激源强度不同的情况下所产生的厌恶情绪也是不同的。

如果刺激源很弱，那么主体很难产生厌恶这种情绪，这种情况下就会产生轻蔑、不屑的情绪，用个词语来形容就是“不屑一顾”，看都懒得看一眼，这种情绪是一种程度十分轻微的厌恶。导致这种结果的原因是：刺激源和主体之间的差距太大，这种程度的刺激不仅能引来一定程度的反感、厌恶，还会引发主体的嘲笑、讥笑，所以“高高在上”的主体很随意、很轻松地对刺激源加以不屑。

如果刺激源给主体带来强烈的负面刺激，那么他就会产生强烈的厌恶情绪。这种情绪需要和愤怒加以区别，厌恶的时候主体会避免和刺激源接触，对刺激源的行为完全否定，同时拒绝与刺激源产生任何联系，却不会充满战斗欲望地消灭刺激源，愤怒则倾向于接触刺激源并加以消灭。

平日里没什么爱好的小张，喜欢在周末的时候通过打游戏来缓解生活中的压力。这一天，小张正在玩一款特别火的游戏，玩得正起劲儿的时候，突然听到有人敲门，他不得不暂停游戏去开门。

小张打开门，看到门外站了一个瘦高的陌生小伙子，就有些疑惑地问："请问你是？"小伙子十分热情，笑容满面地说道："我是××公司的护肤品推销员，看您这么年轻应该还不到20岁吧。"小张今年已经23岁了，听到别人夸自己年轻本该高兴，但是因为被打断了游戏，所以他有些烦躁地说道："我对护肤品不感兴趣，你还是去别家吧！"说罢就要关上门。

却不想那小伙子急忙伸手抓住门框，说道："没关系，您先听我仔细介绍一下我们的产品好吗？我们的产品是纯天然的护肤品，没有任何化学成分，对您的皮肤不会产生任何坏处，会让您显得更年轻，相信我，这是一个好产品！"面对这样执着的推销员，小张也不好直接拒绝，只好推脱道："不好意思，我已经有护肤品了。"不过小伙子这时候还是不肯妥协，他反而上前一步，一把抓住小张的手说道："没关系，您可以先试试我们的产品，觉得好了再成套购买。"

小张一下子就厌恶起来，他拧起眉毛，抿起嘴唇，重重地甩开手，说道："再讲一遍：不需要！请你去别家吧。"说罢，把门关上了。他一边跑回电脑前，一边嘀咕着："真是啰唆，都说了不要了，还粘着说，害我游戏都玩不好！"

我们可以看到小张一开始只是有些不耐烦，但是在后来屡次回绝没有结果之后，心中不悦之情不断上升，直到推销员去拉他的手时，小张心中的不悦情绪升级为厌恶（从他皱起的眉头和紧紧抿起的嘴唇可以看出），最后狠狠地拒绝了推销员。

厌恶情绪最饱满的面部表情就是呕吐。当一个人处于饱满的厌恶情绪中，他就会尽量张大嘴巴，不仅下颚要向下打开，上唇也在提上唇肌和提鼻翼肌的作用下向上抬起。有些人还会伸出舌头，嘴巴大张也会带动脸颊上移，同时呕吐的反应还会让眼轮匝肌收缩，眼睛在脸颊上移和眼轮匝肌收缩的共同作用下紧闭，鼻子也会皱起。这种表现出当事人不愿看、不愿闻、不愿吃的情绪就是最饱满的厌恶情绪。

在现实生活中，我们很少流露出饱满的厌恶表情，而轻蔑或者不屑的表情又十分轻微快速，这就给我们的分辨带来一定程度的不便。这个时候可以通过厌恶的细微表情去辨识这些隐蔽的面部表情，现在我们就一步一步分解厌恶的面部表情以找到其内在的细微表情。

我们知道，构成厌恶的面部表情的特征有：嘴巴因为降口角肌的收缩拉动嘴角向下；降口角肌和提上唇肌相制衡，在嘴角的两边形成括号状的表情；眼轮匝肌剧烈收缩，使眼睛缩小紧闭；提上唇肌和提鼻翼肌共同作用使上唇提升，并且在鼻翼两侧形成鼻唇沟；皱眉肌收缩，双眉皱起；颏肌运动使下唇向上抬起，嘴巴紧闭；同时下巴也向上抬起，下巴处的皮肤形成很多凸起，这些表情共同构筑了厌恶的面部表情。我们可以通过其中任何一个细节对当事人的面部表情进行分析判断。

不论是厌恶、轻蔑，还是不屑，这些情绪都是不同程度上的厌恶情绪，在与厌恶的面部表情相比之后，我们会发现这几种情绪引发出来的面部表情中都会有一个上唇抬高、鼻翼两侧形成鼻沟的表情。在其他的面部表情中，鼻子很少出现这样的特征，由此我们可以将鼻子所产生的细微表情作为验证对方是否产生厌恶情绪的重要辨识内容。即便这个人脸上没有任何表情，就连上唇的运动都控制得很好，但是如果他的鼻子两侧出现鼻沟，那么就可以判断他产生了厌恶情绪。

第六节　恐惧的表情

恐惧可以解释为程度很深的害怕，是一种当人在面临某种危险的时候，企图通过一些手段摆脱危险但又无能为力时，心中生出的十分害怕和压抑的情绪。

恐惧，令身心健康受损的情绪

研究表示，恐惧心理会对人的身心健康造成十分严重的影响。医学上有这样的定论："不论是外界环境还是一些其他的致病因素，都是首先让当事人产生恐惧的情绪反应，之后才会影响到当事人的心理和生理健康。"

大家都有看恐怖电影的经历。当剧中一些突发的恐怖状况或者危及生命的事件发生时，都会看到演员失声尖叫、脸色惨白、胡言乱语。在躲避一些可怕事情的时候，他们会双手捂紧嘴巴，甚至全身哆嗦，满头大汗。有些演员在面对一些突发事件时，会表现出无力逃跑、呆若木鸡的状态。这些都是情绪不稳定时生理功能出现紊乱的表现，尤其是强烈的恐惧情绪，更会让人在危急之中思维混乱，立马失去逻辑分析能力和身体执行力。

某天凌晨时分，一栋老式小区突然起火，这栋房子共有五层，因为该小区的房子大部分都是木质结构，所以火势蔓延迅速，并非常难控制。整栋楼中一楼、四楼、五楼火势较大，其他楼层虽然没有出现明火，但也是浓烟滚滚。当时的情况非常危急，火灾的突然发生危及小区住户每个人的生命安全。其中一部分警觉性高的人最先逃离了火灾现场，另一部分没有及时察觉的住户，在灾难面前强自镇定，通过平日里学习的火灾逃生知识，按照火灾应急措施实施自救，也成功地逃出生天。

但是该小区中有一名女性住户，因为恐惧情绪的滋生，扰乱了自身的分析能力。为了快速脱离险境，竟然慌不择路地选择从五楼跳楼逃生。跳楼的举动无疑是从一个险境跳到另一个险境，她最终也因抢救无效死亡。

引发这种不幸结果的罪魁祸首就是恐惧情绪，它影响了这位女士自己对当前情况的分析判断，让她做出错误的决定而终失性命。因此，在生活中遇到这样突发并且危及生命的事情时，我们一定要尽量保持冷静，用学过的知识帮助自己化险为夷。

恐惧之时的面部表情

人在极度恐惧的时候会有以下面部表情：眉毛在皱眉肌的作用下向中间靠拢，蹙在一起，还会形成一些纵向的皱纹；眉头也在额肌的作用下向上提升，这时候双眉中间的皱纹看起来就像一个倒立的“U”形；颈阔肌的收缩使得嘴角向耳朵两侧拉开；降下唇肌收缩，下拉下唇，露出下齿；提上唇肌和提鼻翼肌共同作用，提升上唇，露出上齿；上睑提肌向上提升眼睑；眼轮匝肌和皱眉肌的运动使得上眼睑皮肤上形成对角线褶皱。

恐惧的衍生情绪

生活中一般常见的恐惧情绪更多的是一种不希望面对“损失”的心理。有研究表示，恐惧可以分为四种程度的衍生情绪：

担忧、不安、害怕、恐惧。这四种情绪根据刺激源程度的依次递增而加强。

担忧是我们生活中经常会产生的一种情绪，这是一种表示内心忧虑的情绪，也是最基础的恐惧情绪。这种情绪的出现是因为刺激源本身所引起的负面效应还不足以让当事人感到威胁，并且这种威胁也不一定会发生在自己的身上，只不过当事人自身会预感到一些不好的结果。这个时候，当事人一般都会紧闭双唇，双眉扭曲，眉头微微蹙起，为即将到来的事情感到担忧。

不安就是担忧的升级版，说明刺激源在这个阶段所产生的负面效果已经对当事人产生了一定程度的影响。也就是说，当事人在担忧的时候所预见的一些负面结果，发生到自己身上的可能性已经非常大，但是当事人心中还存在侥幸心理，期望这样不好的事情不要到来。在这种情况下，当事人的情绪焦虑不已，他们会通过微张的嘴巴、扭曲的眉毛、上扬的眉头、睁大的双眼来展示自己内心的不安之情。

害怕相对不安来讲，程度上又一次提升了，这种情况很明显是刺激源所带来的负面效果如期而至，和自己从前担忧的事情如出一辙。而且刺激源所带来的效果会对当事人产生生命或者安全上的威胁，也就是说刺激源是占据优势的，在这种觉得自己没有胜算的情况下当事人会产生害怕的心理，做出躲避刺激源的行为。产生害怕情绪的当事人的眼睛会睁得更大，射出警觉的目光，眼睑抬高，露出虹膜，眉形扭曲，眉头上扬，眉心处形成纵纹，并且还会深吸一口气为逃离做准备。

恐惧的情绪不论以什么样的形态出现，也不论当事人自身如何进行掩饰，总会在面孔上露出蛛丝马迹。经过我们的上述分析，这些蛛丝马迹也已经浮出水面——当一个人恐惧时，不管面部有什么其他变化，他的双眉一定会呈现扭曲状态，眉头也会高于平时状态，眼睑会拉升，露出虹膜，而眼睛的大小与刺激源的大小有关，这些因素组成特有的恐惧表情，缺一不可。

第七节　轻视的表情

轻视是诸多负面情绪的导火索之一

轻视情绪一旦出现便非常容易引发其他情绪，是很多负面情绪的导火索。

小张生性木讷，不太喜欢说话，身材样貌也不是很出众，所以在工作生活中，都是处于被别人压制欺负的状态。和他同单位的小王，最喜欢拿小张开玩笑，好像能在小张身上找到乐趣一样，久而久之，这种不好的行为就成了小王的一种习惯。

一天，小张和刚谈的女朋友一起在花园里散步，看到迎面走过来的小王，小张脸色一变，蹙起眉毛，拉着女朋友向另外一边走去，他不希望在这种情况下和小王有所接触。没想到小王老远就看到了小张，见小张想要避开自己，他马上高声喊道："闷葫芦，你和谁在一起呢？"一边喊一边向小张追了过去。小张听到喊声脸色沉了下来，回头不悦道："关你什么事儿？"

小王追过来，上下打量了一会儿小张的女朋友，一边咂着嘴一边说道："没想到啊，没想到，就你这闷葫芦也学别人谈恋爱？竟然还真有姑娘喜欢你！"这话一出口，小张的脸一下子就涨得通红，不由得握紧拳头，怒声道："和你没关系！"小王看着小张得意地挑起嘴角，鼻子发出"嗤"的一声冷笑，说道："就你这样的也别去耽误人家姑娘了，整个一木头脑袋，你知道怎么求婚吗？要不要我示范给你看？"

小张听到小王这样不顾场合地侮辱自己，只觉得心中无名火起，一下子冲上去打了小王一拳。小王看到平日里被自己欺负惯了的小张竟然敢冲过来打自己，先是吃了一惊，竟然没有躲开小张的攻击，硬挨了一拳。反应过来的小王满脸不可置信地叫道："你敢打我！"紧接着就和小张扭打在一起。

故事中小王的自大和轻视引发了小张的愤怒，同时也能看出小王把欺负小张当成了家常便饭，因此小张出手的时候，小王才因为吃惊而没反应过来，所以硬挨了一拳，然后才和小张打在一起。我们在生活中要记住不要随意地轻视别人，因为这种毫不忌讳的妄自尊大会给自己带来不同程度的消极影响。

相对的优越感是产生轻视的源泉

很多时候，轻视是由多种优越感造成的，比如，身份地位、金钱经济、智力水平等。主体觉得别人不如自己，或者自己超出别人很多，这时候就会产生高高在上、处处都比别人强的心态，进而在沟通交流中就会做出很多居高临下、颐指气使的言行。

心理学家曾对一场会议进行观察和研究。在一次高端游戏 APP 研发会议上，整个研究小组都在听主管讲解一个研究方案。因为高端游戏的代码大多是英文，所以整个会议流程都是以英文交流为主。主管在用略带“家乡味”的英语讲解某个技术要点的过程中，心理学家发现其中一个员工脸上非常快速地闪过一丝轻视的情绪。

心理学家经过调查之后，发现该主管是从基层一步一步走到今天的岗位上的，并不是关系户，是有真材实料的。也就是说，主管提出的解决方案是不可能出现问题的，那么这个员工为什么会出现这种轻视的情绪呢？

后来心理学家对该员工档案进行调查，发现这名员工是有留学经历的，并且能讲一口纯正的美式英语。这时候心理学家察觉到了问题所在，原来这名员工并不是对主管的方案有疑问，而是觉得主管这一口“家乡味”的口音实在太土，同时又觉得自己的发音很标准，所以不自觉地流露出轻视的情绪。

由此可见，轻视在很多时候并不局限于身份的差异，在工作生活中很多原本处于被支配地位的人也会对支配者产生轻视的情绪。在这种情况下产生轻视情绪主要是因为：被支配者觉得自己在某些方面（相对的优越面）是完全超过支配者的，由此产生轻视情绪，但是被支配者因为自身和支配者之间有地位上的差异，一般都会将这种情绪隐藏起来，不仔细观察是很难察觉的。

如何从别人脸上读出轻视情绪？

如果对方产生轻视情绪而对其不加以掩饰的话，他的面部表情会非常直观明显，比如嘴角会向一侧上扬（向左还是向右根据个人习惯），搭配上挑的眉毛，这就构成了给人一种明确的嘲讽感的轻视表情。

如果轻视的主体带有明显的优越感，那么在表达轻视情绪的时候，他的面部一般都会带有笑容的表情特征。我们根据内心的优越感和刺激源的强弱程度，将轻视的情绪反应分为讥笑和冷笑两种。

下面我们先来讲讥笑的表情：讥笑的时候，主体会将嘴角挑得更高，嘴唇向挑嘴角的一侧咧开，眼睑轻微闭合，鼻子快速地呼气，有些时候会发出“嗤”的声音。

而冷笑的表情要相对简单一些：冷笑的时候一般不会动用眼睛，缺少了眼睛的参与，那么这个表情就会变得有些生硬。这种嘴部的不完整的笑容形态会给对方一种很直观的被轻视的感觉。

然而，在很多时候，轻视情绪的外在表现是非常常见且动作幅度很小的表情，不同于愤怒、悲伤、恐惧这些强度很大的表情，这种表示不认同和排斥的表情具有很强大的隐藏能力。一个面无表情的人也可能产生轻视情绪，在这种情况下就需要我们认真去看对方的眼睛。如果一个人心中有轻视情绪产生，那么他的目光就会呈现俯视或者不屑的感觉，这种目光是很容易分辨的。在产生这种情绪的时候，即使主体的面部并没有做出挑嘴角的动作，但他的眼睑会向下压，整个眼型和目光都会让你感觉自己在被俯视。

总之，如果当事人存在轻视的情绪，那么他就会做出挑嘴角、下压眼睑的动作，同时眼睛里带有俯视的目光，这些表情特征能够帮助我们判断他人是否存在轻视的表情。

第三章

个体表情的心理分析策略

眼睛的左右移动也能泄露出一个人的内心情绪。美国心理学家大卫·李伯曼研究发现："如果大脑在回忆真实存在的事情时，眼睛会先向上然后再向左移动，如果回答问题时在大脑中虚构一些画面来编造谎言的话，那么他讲话时眼睛会先向上然后再向右移动。"

第一节 “眉飞色舞”的心理分析技巧

达尔文在生物进化论中提到“物竞天择，适者生存”，这种思想认为在进化历程中所有生物都会保留有用的东西、抛弃没用的东西，从而能够保证自己更好地适应环境而生存。人在进化过程中产生了巨大的变化，比如，站直身体、食用熟食等。原本覆盖身体的大部分毛发退化消失也是进化的内容之一，现代人类仅仅保留了几个身体部位的毛发，这些部位的毛发各自发挥着特殊效用，比如，头发可以协助排汗和调节人体体温，胡子可以保护嘴唇、吸附进入口中的有害物质。

对于眉毛的保留来说，很多人觉得只是为了保证面部的美观。其实眉毛还可以防止汗水直接流入眼睛，起到保护眼睛的作用，同时眉毛还在人类的交流过程中充当着表情传递器官，成语“眉目传情”就是最好的诠释。如果人类没有眉毛，那么他的表情效果就会大打折扣。我们很多时候只需要动用眉毛，便能够给别人传递出足够的信息，由此可见，人在表达情感时，双眉是传递信息的重要工具。

在日常生活中，眉毛的不同运动形态也具有不同的意义。我们将这些形态分为皱眉、扬眉、耸眉、闪眉、眉毛下压、锁眉、舒眉等。这几种形态，都有着自身独特的含义，接下来我们就通过对眉形态的一一分析，破解它们的秘密。

皱眉

皱眉分为两种：第一种是两条眉毛向一起靠拢，在眉心处蹙在一起；第二种是眉形扭曲，一般在眉形的1/3处。在生活中，皱眉一般都表示怀疑、愤怒、痛苦、忧虑和不悦的情感，比如，我们对于一些问题感到疑惑的时候，双眉就会一起向眉心靠拢，在眉心处拧成一团；而在愤怒的时候，我们的眉毛会先向下压，然后紧紧皱起来；在痛苦的时候，眉毛就会扭曲，眉形的扭曲程度也说明了痛苦的程度。

眉毛皱起，不仅具有保护特性，还具有侵略特性。这两种特性最直观的体现是在愤怒情绪的表情之中。通常一个人愤怒的时候双眉就会向下压，这是生物进化过程中保留的特性，下压的双眉带动眼睑下压，起到保护眼睛的作用；而上扬的眉头又带有进攻的特性，上扬的眉头在眉毛下压的情况下会蹙在一起。

扬眉

扬眉可以是眉头上扬或眉梢上扬，也可以是单眉上扬，这些不同的眉毛上扬方式也意味着主体内心蕴含着不同的情绪。

很多时候，单眉上扬是在表示人们否认和不信任的情绪。但也会有另外一种特殊情况，在和亲近朋友交流时在面部表情自然柔和的前提下做出单眉上扬的动作，不仅不会有负面情绪，还会给人一种调皮的感觉。而在双方存在竞争关系的时候，这种单眉上扬的表情就带有挑衅的含义。

眉头上扬多出现在愤怒的情绪状态下，这种上扬的眉头配合下压的眉峰眉梢，就是标准的愤怒时的眉部表情。

很多时候眉梢的上扬也表示内心的不平静，比如，电视剧中出家为尼的夫人，在孩子们去看望她的时候，故作平静的脸上眉梢总会挑动一下，然后又强自按捺，说明夫人的内心当时是很不平静的。

有的时候扬眉也代表着一种得意，“扬眉吐气”形容的就是这种得意的心态。日常生活中，人们在奋斗的历程中会充满阻碍和挫折，但是如果有一天你一下子功成名就、飞黄腾达，这时候你压抑很久的眉毛就会高高地扬起，用这种眉形来表现自己的得意。

耸眉

耸眉这种眉毛先抬高再降下的表情配上小幅度的撇嘴动作就是表示对自身的否定，但是因为这件不受自身认同的事情不会影响到自己，所以人们一般会置身事外。

小丽在一家房产销售公司供职，由于自己做的是人事工作，每天要面试各种各样的人，慢慢地就养成通过一个人的面部表情来判断他人真实想法的习惯。

这一天，总经理突然要小张、小夏和小李去会议室开会，小丽负责会议记录。总经理首先讲了一下这个月业绩的完成情况，然后接着说道：“这个月的业绩总体很差，你们三个都是出单能手，也都知道这个月的业绩完成度是你们晋升主管的重要考核项目。而让我没想到的是，小李你竟然连基本目标都没完成！小张还算勉强及格，只有小夏超额完成，所以总公司决定提升小夏为部门主管。”

小丽发现，总经理说到小李没有完成目标的时候，小李的眉毛明显地蹙在了一起，好像在担忧着什么；讲到小张的时候，小张快速地耸了一次眉，一副无所谓的样子；小夏听到自己被总经理提升为部门主管之后，他的眉毛一下子就挑起来了，整个人的精气神都有了明显的变化。

故事中的小张对总经理的评价所做的反应就是耸眉，当他发现自己不是最差的时候，心里还算平静，甚至有点庆幸，当他被评价为“勉强及格”的时候，他对自己的业绩有些不满意、产生了自我否定，但转念想到这样的业绩虽然不会让自己得以升职，但也不会被解雇的时候，心中如释重负，快速的耸眉动作便在这一两秒的时间内发生了。

闪眉

在很大程度上，闪眉只会出现在面对亲近的人的时候，这种快速抬起眉毛然后迅速放下的动作给对方展示的是一个亲近友善的信号。甚至这个动作会是彼此之间的一个小秘密，传达一些只有彼此知道的信息，如两个好朋友之间的一个闪眉动作，就像是向对方说了一句“你懂的”一样。

眉毛下压

眉毛下压，本质上是眉毛对眼睛的保护，在人类进化的过程中人们通过下压眉毛来对眼睛进行一定的保护，比如，防止额头上的汗水直接流入眼睛。现今社会中，眉毛的下压则表示某个事物已经引起人们的警觉和关注，这种关注程度不断提高后，就会引发一些其他情绪，如愤怒或恐惧。

锁眉

锁眉一般表示主体内心情绪很低落，既有忧伤低落的心情，也存在犹豫不定的情态。之所以引起这种情况，很多时候代表着当事人对这件事情一筹莫展、很难抉择。宋朝年间婉约派女词人李清照就有词为证："此情无计可消除，才下眉头，却上心头。"恰到好处地形容了人在忧愁思念时眉头紧锁的情形。锁眉有时候也表达了对于一些已经失去的东西的难以割舍之情。

舒眉

舒眉是相对于锁眉这个状态而言的，这种状态是说眉形从以上状态中平复为正常的柔和状态，代表着事情得以圆满解决或是恢复到正常可控状态，这时人们内心坦然，昭示着其内心的情绪从波动复杂趋向于平静简单，已经恢复正常的理性判断能力。

综上所述，这些强烈的主观情感是可以通过眉毛的运动状态得以完美展现的，所以细心观察双眉的动态，你也可以成为“读心”大师。

第二节　眼睛是“心灵之窗”

从古至今，人们都十分重视眼睛，认为眼神代表着一个人的精气神，是灵魂和灵性的象征。

相传，南朝梁代大画家张僧繇在金陵安乐寺的影壁上面画了四条白龙，却不点眼睛，他每次提起这件事情的时候就会说道：“这四条白龙画了眼睛就会飞走。”大家都觉得这件事情非常荒诞，没听说过壁画上的东西还能活过来，所以邀请张僧繇把龙睛点上。张僧繇耐不住他人的请求，就同意为白龙点睛。

结果刚刚点了两条白龙，还没缓口气，整个天空就暗了下来，刮起了大风，接着雷鸣电闪，大家都很吃惊。忽然间两条被点了眼睛的白龙破壁而出，盘旋环绕着闪电，飞向了天空中，只剩下两条没有点睛的龙留在石壁上。这时候大家才相信了张僧繇的话。

虽然这只是一则传说的故事，但我们还是可以从中看出在古人的认知中眼睛的重要性。如果说我们的面孔是一件精美的艺术品，那么眼睛就是这件艺术品的灵魂。在现实生活中，能够有一双明亮有神的眼睛，不仅可以为自己的容貌增添光彩，还十分讨人喜欢；如果一个人的眼神十分睿智，那么这个人不仅会给人留下聪明的印象，还会传达一种成熟稳重的长者气质；若是一个人的眼神很有威严，很多时候并不是因为这个人在生活工作中总是处于主导地位，而是因为他的眼神传递出一种居高临下的气势。

眼神——经历和个性的镜子

我们经常夸赞一个人的眼睛会说话，这样去形容一个人的眼睛是因为眼睛的神态——眼神，它是通过眼睛这个窗口传递出来的内心本质。我们可以通过眼神看到人们在某一情景中所产生的真实内心情绪，如关切、坚定、沉痛、思念等，情侣之间在讨论一些感情问题的时候都喜欢要求对方看着自己的眼睛，正是因为一个人的眼神可以暴露出他的真实想法。通过观察眼神，我们可以体会到一个人的气质、能力、身份，甚至能通过眼神来分辨这个人是善良的还是凶恶的。

在现实社会中，每个人的人生经历、生活环境、所接受的教育都是不尽相同的，这也造就了不同的性格和内心，而不同的内心从眼神中所传递出来的情感也是不同的。

比如，一个五六岁的孩子，他的眼神总是纯洁干净的，你从他的眼神中只能看到人性纯善的一面；但是你在一个成年人的眼中就很难发现这种眼神，因为他经过不断地学习形成了自己独特的人生经历，也是这种人生经历左右了其内心的本质。

再如，有两个同龄的孩子，一个孩子生活在乐观的家庭中，他的家人觉得生活充满了乐趣，每天早上醒来，孩子都会看到温暖明亮的阳光和同样温暖的家人的笑脸，久而久之，这个孩子会充满乐观向上的精神，他的人生观也是积极向上的，我们在和这个孩子沟通交流时，孩子的眼神充满乐观和积极，散发着一种正面的阳光气质。而另一个孩子生活在消极暴力的家庭中，他的家人每天争吵不断，父母之间只有憎恨，他每天面对的都是父母愤怒的面孔和冰冷的言语。日久天长之后，这个孩子也会变得脾气暴躁、处世消极，充满负面情绪，他看别人时所流露的眼神也是充满不信任和敌意的。

充满爱意的眼神

人们都说恋爱的时候会有一种感觉，感觉从何而来呢？那是因为被爱的人会接收到对方所有的善意、偏袒、宠溺。而最直观的表现就是对方眼神的变化，他是在真正关心自己还是应付了事，从他的眼神中就可以看出来。没有一个人会长久地注视一个不喜欢的人或事物，就算这种眼神伪装了一次，也不能伪装多次。

如果双方彼此相爱，那么他们看向对方的眼神就会足够温暖，像是看到了儿时最喜欢的玩具。而且这种眼神根据对象自身状态的不同而转变为不同的爱，比如，爱人生病时，其伴侣的眼神是疼惜的；爱人的电话打不通时，其伴侣的眼神是焦虑不安的。

眨眼的频次

生活中除了直观的眼神可以帮助我们之外，还会有一些眼部的小动作也分别带有不同的含义，比如，眨眼。眨眼是生理的正常反应，人们通过眨眼对眼睛进行清洁和滋润，同时能够缓解眼睛的疲劳。

正常情况下，根据不同人的习惯和健康程度，眼睛眨动的频率为每分钟 8 次到 20 次不等，但是如果一个人在沟通交流的过程中频繁地眨动眼睛，尤其是回答问题时，那这个人所表述事情的可信度就很低，或许他正在撒谎。因为人在压力状态下，大脑会迫使眼睛快速眨动，而在舒缓的状态下，眼睛的眨动速度会放慢。

瞳孔的变化

瞳孔的变化也能够看出一个人的内心。人的面部表情虽然可以通过主观意识控制肌肉去完成，比如，做出假笑假哭的表情，但是没有人能够控制瞳孔的收缩，所以我们在一些特殊情况下可以通过观察对方瞳孔的变化来判断当事人内心情绪的变化。

瞳孔的变大和缩小本质上与光源的强度有关。光源很强时，瞳孔就会缩小，进行自我保护；光线较暗时，瞳孔则会扩大，这样便于对光源的采集。这在医学里被称为瞳孔的对光反应，如果瞳孔对光线的反应消失，就表示这个人已经接近死亡状态。

心理学研究表明，一个人在看到自己十分喜欢的东西时，他的瞳孔就会扩大，比如，一对男女一见钟情时、一个十分饥饿的人在看到食物时、喜欢音乐的人听到十分悦耳的音乐时、孩子看到自己期盼已久的生日礼物时，他们的瞳孔都会扩大。相反地，如果当事人十分讨厌的某件东西出现时，他的瞳孔会马上缩小。

据说古代波斯的珠宝商人在向贵妇人兜售珠宝首饰的时候，就会根据贵妇人瞳孔的变化来抬高或下压价格。如果一个十分精致闪烁的珠宝首饰能够使得贵妇人的瞳孔扩大的话，商人就会抬高价位出售；如果贵妇人看到这个珠宝首饰时，眼睛的瞳孔缩小了，商人就会降低价格或是转而推介其他款式的珠宝。

生活中还有一些其他情绪的出现也会导致瞳孔发生变化，比如，人们出现恐惧、紧张、惊讶、疼痛等情绪或感受时，瞳孔会放大；而人们在烦恼、疲倦的时候，瞳孔会缩小。

眼神的游移

眼睛的左右移动也能泄露出一个人的内心情绪。美国心理学家大卫·李伯曼研究发现："如果大脑在回忆真实存在的事情时，眼睛会先向上然后再向左移动，如果回答问题时在大脑中虚构一些画面来编造谎言的话，那么他讲话时眼睛会先向上然后再向右移动。"我们可以多加观察对方回答需要回忆的问题时的眼睛转动方向，以此去判断对方所表述问题的真实性。

观察眼神注视对话目标与否也是判断当事人是否说谎的方法之一。一个不经常撒谎的人在回答一些必须撒谎的问题时，他通常会躲开与其对视的眼神，因为他害怕对方从他的眼神中看到真实的答案；相反地，如果说谎的人是一个撒谎高手，那么他会盯着对方的眼睛看，希望通过对方的眼神来判断出对方是否相信他所讲的话。因此，眼神的大幅度游移或长时间的坚定注视，都是不正常的。

就算双方之间没有对话，单纯的眼神游移也能够说明当事人的内心情感状态。我们还是以爱情为例子，在交往或者聚会里，男女对吸引自己的对象的观察方式是不同的。如果一位男士很喜欢一位女士，那么他通常会看一眼这位女士，然后就移开目光，或者只用余光关注这位女士；而一位女士如果喜欢某位男士，她则会一直注视着她所喜欢的男士。

在心理学中，闪烁不定的眼神代表着主体内心的不自信、不平静、不真诚，这种不平静往往会界定为对他人别有所求，所以在生活中碰到眼神闪烁的人需要注意防范。

第三节　鼻子也能“讲话”

人的面部有一个地理位置非常优越的器官，它上连额头、下接口唇、左右是双目且处于面部的最高处，可以说是“官居高位，地处要冲”，它就是有着“面王”之称的鼻子。

鼻子在生理上是兼顾嗅觉和呼吸功能的器官。动物的鼻子具有识别环境、分辨敌我、捕猎觅食、避敌寻偶、接受大自然的化学信息等功能。对于人类来说，鼻子除了兼顾呼吸和嗅觉的功能之外，还是评定外貌的标准之一。可能我们自身并没有发觉，我们和陌生人见面后，对对方的鼻子的印象是很深刻的。人们通常认为鼻子的美丽与否可以影响一个人的气质、相貌，甚至是财运和自尊。鼻子不仅在外表形象中占据有利地位，就连医学上也可以通过鼻子来辨识人们是否患有疾病，中医里就有“上诊于鼻，下验于腹”的说法。

但是在面部表情中，鼻子却只有很少的一些独立动作，而且有些动作还需要其他肢体器官的配合，不过这些屈指可数的动作依然可以帮助我们有效地分辨一些被当事人掩饰的情绪。

皱鼻子

皱鼻子可以说是鼻子最常见的一个动作。人们在听到和自己意见相左的意见、看到自己不喜欢的事物、闻到一些奇怪的味道、尝到味道古怪的食物时，都会本能地皱起鼻子。

皱鼻子首先代表的是反感的意思，然后根据刺激源程度的不同会引发一些其他动作，比如，尝到味道古怪的食物时，主体会第一时间皱起鼻子，如果刺激源足够强烈，就会引发呕吐反应。

小林是一个爱干净的女孩，从小到大都十分注意卫生，整个人都显得干净爽利。可慢慢地，小林因此产生了轻微的洁癖，虽然不至于影响她的生活，但在处理某些事情时还是会对小林产生不好的影响，比如，闻到别人身上的汗味，她就会反胃；看到孩子们身上脏兮兮的，她就要远远地躲开。

小林毕业后在一家网络公司上班，由于其卓越的能力和严谨的个性，使得她很快进入公司领导的视线。有一天，公司决定在当地敬老院举办公益活动，领导第一时间表示希望小林前去主持。领导的重视让小林十分激动，她欣然接受了这次任务。

第二天，小林打扮得漂漂亮亮地去了敬老院，可是她马上就后悔接受这个非常“光荣”的任务了。因为敬老院中不完善的设备和并不妥善的照顾，让这里的老人身上都带有一股特殊的气味。小林闻到这股气味时，会马上侧过头，皱起鼻子，紧闭嘴唇，防止自己呕吐出来。

虽然在道德和自身素质的约束下，小林尽量隐藏这些不悦的表情，她在与这些老人拉开一定距离的时候，目光也是充满善意的，但是一旦需要接近老人互动时，她就不由自主地皱起鼻子，紧闭嘴巴。尤其是当一些老人希望和她说两句话的时候，她会下意识地皱鼻头，虽然她的眼神是愧疚的，但是她的鼻子表达了她的排斥和反感。

除了反感以外，皱鼻子还是否定的代名词。当一群人在讨论一个问题的解决方案时，每个人都会阐述自己的观点，然后相互比较，找出解决问题的最佳办法。但是在阐述方案的过程中，由于彼此间的身份差异和各自方案所达到的不同效果，尤其是当人们认为自己的方案是最好的时，他就会因为自己方案的优势而对其他人的方案产生不同程度的否定情绪，做出皱鼻子的举动。

而引发这种情绪必须要有一个先决条件，就是这群人在阐述问题的解决方案过程中，彼此之间是良性竞争的关系，如果不存在这种关系，就很可能失去一定的约束而导致更加恶劣的情绪——不屑的出现。这种情绪已经不单是否定对方的方案，而是在一定程度上否定了对方的全部，而且在当事人的内心认为对方在各个方面都是不能和自己相提并论的，在这种居高临下心态的主导下就会产生不屑的情绪。在这种情绪的影响下，鼻子皱起的程度会降低，这时候鼻腔会通过快速呼气来发出短促的“哼”或者“切”的音调。

鼻孔的扩张

在自然界中，通过鼻孔的扩张来传递内心情绪的行为，并不只是人类的专利，很多动物在面临威胁的时候都会扩张鼻孔，在心理学中，这种状态被形象地称为“在为进攻或者逃跑做准备”。

如果这个威胁当事人能够自行解决，便会引起其产生愤怒的情绪。比如，狒狒在发怒的情况下会将鼻孔张开得很大，一方面是通过张大的鼻孔和龇开的牙齿向对方示威和传递进攻信号，另一方面是通过张大的鼻孔快速吸气让肺部充满新鲜的空气，准备出充足的能量来应对即将发生的事情。

如果这个威胁当事人不能自行解决，就会引起其产生恐惧的情绪。在被恐惧的情绪主导时，人也会张大鼻孔，通过张大的鼻孔快速呼吸，来为自己的逃跑行为储存能量。在生活中如果你发现有人张大鼻孔，不要贸然断定对方一定是在发怒或在准备发起进攻，还有另一种可能就是他感到了恐惧，是惊慌失措的表现。

被触摸的鼻子

除了皱鼻和扩张鼻孔是鼻子的自主动作，其他大多数与鼻子相关的表情都需要借助一些其他的身体器官，最经典的一个动作就是在沟通中对方突然用手去摸鼻子。

人在摸鼻子的同时往往会做出低头的动作，这个动作意味着对头部的保护，同时摸鼻子的手还会遮挡住大部分面部，从而起到掩饰作用。美国心理学家通过研究比尔 · 克林顿就莱温斯基性丑闻事件向陪审团陈述的证词，也从中证明了沟通中抚摸鼻子是一种掩饰行为。研究者发现，克林顿在陈述事实的时候很少触摸自己的鼻子，但是只要克林顿开始说谎，他就会轻微地皱起眉头，并且每 4 分钟触摸一次鼻子，整个陈述证词的过程中，他一共触摸自己的鼻子多达 26 次。

生活中还有一个细节我们很容易忽略，即在想要说谎话的时候，我们的鼻子就会出现刺痒感，这种突然出现的刺痒感会促使我们用手去抓挠。事实上，人类自身的良知是无法忍受谎言的，因此在说谎时会引起排斥反应，使鼻子产生刺痒感。有心理研究表明，人的鼻子下方有两个部位会产生刺痒感。如果左鼻孔下方产生刺痒感，代表当事人有一些未说出口的、和自己有关的谎言，不管谎言的程度是大是小，刺痒感的程度都是相同的；如果右鼻孔下方产生刺痒感，则代表另外一层含义：当事人对别人所讲的事情产生不认同和怀疑的情绪，或是在违心地做出赞扬的评价。如果你精心准备了大餐来招待你的朋友，问及饭菜好吃与否的时候，对方在回答“非常好吃”的同时下意识地触碰右侧鼻孔，那从今以后你一定要好好练习厨艺了。

当然在生活中，我们并不能通过摸鼻子就直接断定对方是在撒谎，还是要结合当时的语言环境、思维逻辑、身体语言来共同判断，因为很多时候人们也会因为鼻子过敏或生病而做出这种多次触摸鼻子的动作。

第四节　唇齿不言也有意

古人用“唇齿相依”来形容彼此间相互依靠的亲近关系，隐喻彼此双方缺一不可的亲密状态，这种隐喻其实就是在现实生活中唇齿之间关系的真实写照。嘴唇和牙齿有不同的分工，嘴唇可以保护口腔，牙齿可以咬碎食物，同时牙齿保持了嘴唇的外形，让唇形更美妙自然。它们彼此之间相互配合、相互帮助，共同完成大脑发布的说话或进食的指令。

有一句话叫“言多必失”，意思是人如果口无遮拦一通乱讲就很容易说错话，以至于造成不必要的损失或是过失。其实在生活中，不光嘴里说出的话会泄露秘密，一些嘴巴的小动作——张开嘴或者闭上嘴，向上抬嘴唇或者向下拉嘴唇，向前噘嘴或者向后瘪嘴，向上挑嘴角或者向下拉嘴角等，也会暴露人的内心秘密。在面部表情里，唇齿扮演着重要的角色，它们的一举一动成了看穿人们内心情绪的突破口，不同的嘴部动作蕴藏着不同的心里秘密。

喜悦时的嘴型

在不同程度的喜悦表情中，嘴部的形态也是不同的。在微笑时嘴唇是闭合的，唇间线的两端微微向上翘起，唇形轻微拉伸并变薄；

随着喜悦情绪的不断增大，嘴角翘起的幅度、嘴巴张开的幅度也越大；等到了出现最圆满的笑容时，嘴部会呈现出上唇提升到最高的位置、露出上齿和部分上牙龈、下嘴唇拉直、露出下齿的形态。露出牙齿的笑容被认为是最有感染力的笑容。

惊讶时的嘴型

张鹏在生活中是出了名的人缘好，为人豪爽大方，性格开朗，真挚热情，特别喜欢帮助别人，大家有什么事情也喜欢和他分享，慢慢地，张鹏身边就聚起了一帮好朋友。

8月1日是张鹏的生日，他的朋友们决定给张鹏一个惊喜。于是在几个朋友的牵头下，准备由大家出资在当地最有名的KTV给他办一场生日聚会，感谢张鹏平日里对大家的帮助。而且这件事情要严格保密，不能让张鹏提前知晓，一定要把惊喜留到生日当天送给张鹏。

在张鹏生日的那天，一个朋友突然找到张鹏说自己有一件事情很难办，希望张鹏来帮忙，张鹏二话没说就和他一起出了门。当这位朋友驱车带着张鹏来到KTV门前的时候，张鹏不禁有些惊讶，他张了张嘴，不知道这个朋友怎么会到这种地方来办棘手的事。朋友见状，眯起眼睛，抿了抿嘴唇，然后引着张鹏走了进去。

当张鹏走进包间之后，“啪”的一声，整个屋子的灯都被关上了，这时候张鹏整个人一下子愣住了，张大了嘴巴，不知道怎么回事。

突然包间里响起了整齐的生日祝福歌，朋友们捧着生日蛋糕慢慢地围了上来，张鹏这才意识到发生了什么，不禁咧开嘴笑了起来。

张鹏在到达目的地的时候惊讶地张了张嘴，这种口型是很特殊的，惊讶时嘴巴是在不自觉的情况下张开，下唇在下巴的带动下向下拉，但是嘴唇周围的皮肤不会变紧，嘴角也不会向两侧拉，整个嘴部就像一个椭圆形。

厌恶时的嘴型

厌恶时嘴巴一般都是紧紧闭起的，这表现的是一种拒绝的态度，表示自己不会接受这个东西或者这件事情。如果厌恶的程度很深，那么这种口型暗示着人们在压抑内心呕吐的欲望，随着厌恶情绪程度的降低，嘴巴会张开，下嘴唇拉直，露出部分上齿（下齿被上齿遮盖）。

厌恶的情绪会衍生一些其他表情，在生活中也很常见，一般分为不屑、讥笑和冷笑三种。先说不屑，这种情绪是生活中出现次数很多的衍生表情，出现这种表情的时候，上唇就会向一侧略微提升，上唇线较正常形态拉平。而讥笑的表情会加大嘴角的提升力度，露出一侧牙齿，唇线随着嘴角倾斜。而冷笑时，嘴唇会轻微张开，唇线持平，眼睛里是没有笑意的，所以这个表情也很好分辨。

恐惧和愤怒时的嘴型

恐惧和愤怒的时候，唇形会有些相似，因为这两种情绪是人们在对刺激源进行分析之后产生的情绪，所以唇形很相似，但是仔细分辨的话还是有区别的。

这两种情绪所引发的唇形都会使双唇张开，只不过恐惧时双唇张开是为了快速吸气，嘴角会向双耳方向扯开，上下唇之间的高度小，无法发出威胁敌人的声音。而愤怒的时候，双唇张开的幅度会很大，嘴角不会向双耳的方向拉伸，嘴就像吞了一个鸡蛋，好像下一秒就可以发出愤怒的咆哮。

悲伤时的嘴型

悲伤的时候，嘴唇的运动量最大，提上唇肌的收缩使得上唇提升到一定高度，降口角肌的收缩使得嘴角下拉，同时颈阔肌将嘴角向双耳两侧拉伸，降下唇肌使下唇整体下拉，颏肌收缩使下嘴唇中部向上拉起，这样才能展现出悲伤的嘴部表情。

咬嘴唇

嘴巴和牙齿相互配合也会产生一些带有特殊含义的表情，常见的就有咬嘴唇。在心理学研究中，咬嘴唇是人们释放压力的一种方式，起源于婴儿吮吸的动作（类似的还有咬手指、咬笔杆等行为），这种动作不仅可以帮助我们汲取营养，还可以帮助我们发泄情绪，从而做到平复心情。人们感到孤苦、愤懑、委屈的时候通常会通过咬嘴唇的方式来发泄心中不满的情绪。

在现实生活中，两个非情侣关系的人在交流沟通的时候，一个人如果出现咬嘴唇的动作，不论是咬上嘴唇，还是咬下嘴唇，都表示对方是在认真思考别人提出的问题、听取别人的看法和意见，同时在对自我进行批判、否定、反省、减压。

舔嘴唇

嘴巴还有一个重要的组成器官，那就是舌头。舌头不仅是品尝食物的器官，还会和嘴唇互动来表达一些自身情感。研究表明，如果人们处于紧张的状态，会造成肾上腺素加快分泌，血液加速流动，身体水分过度消耗，从而产生口干舌燥的感觉。这种感觉会引起我们舔嘴唇的欲望，希望通过这个动作来滋润干燥的嘴唇，同时起到抚平内心紧张情绪的作用。如果一位女士刻意舔嘴唇的话，也能显示这位女性性感的一面。

然而，其实这个动作的结果往往和我们的预期是相违背的。生活中我们都会遇到紧张的情况，比如，一个很重要的面试、一次重要的演讲或一个决定性的商业谈判，这些事情都会引起我们紧张的情绪。如果这时候我们希望通过舔嘴唇来缓解压力，那么反而会使人的情绪越来越紧张，并且会给别人留下一种不自信的印象。

撇嘴、噘嘴

人们在面对一些不喜欢的事情时，往往会出现另外一种嘴部形态——撇嘴。这种下嘴唇向前伸、嘴角下拉的表情，体现了当事人内心的不悦和排斥，这种情绪是由于不认同别人的看法所导致的。比如，小布什在记者招待会中回答“伊拉克情报失误”这件事情的过程中，面部出现了撇嘴的表情。

噘嘴是撇嘴的升级版。撇嘴的时候只是表示人们的否认情绪，这种情绪还达不到令自己产生怒火的程度。但是如果刺激源的程度不断加深，就会引起主体的不满情绪，产生噘嘴的表情。

抿嘴

紧紧抿起的嘴唇表示当刺激源达到一定程度时，人们承受着的大量压力和焦虑情绪，随着压力的变大，嘴唇也会从正常饱满的状态不断压缩，直到抿成一条扁平的直线。但如果是在交谈中紧紧抿起嘴唇，则说明这个人持有模棱两可的态度。有些时候，紧抿的嘴唇也是一种自我的压抑和控制，上述故事中张鹏的朋友眯着眼睛说明自己很开心，抿起嘴则是压抑自身喜悦的一种状态。

生活中还会产生一些其他的嘴部表情，比如，嘴角单边上扬，往往表示主体自信的情绪；吐舌尖不仅给人一种可爱的感觉，也展示了自己调皮、乐观的内心。嘴巴的动作千变万化，我们需要结合实际情形，再配合嘴巴的细微表情，相互结合起来去分析才能真正洞悉别人真实的内心情绪。

第五节　头部动作的学问

头部动作的隐秘信息

可能有人会说："头部动作哪有那么复杂，都是很简单直观的，也没什么特殊道理在里面。"确实，在大多数情况下，头部动作的意义十分直观，但是在一些条件下所做出的头部动作则包含着特殊的含义。我们在生活和工作中可以通过这些动作去分析一个人，甚至可以发现其复杂的情绪和心理。

张青作为清华大学的毕业生，刚毕业就加入了一家全国知名的电脑科技技术公司。他本人十分优秀，奋斗了三年之后就成为该公司西南各省的负责人，可以说是年轻有为、意气风发。

但是他现在因为手下人员能力的问题而十分苦恼。最近总公司给他送来一批高校毕业生作为西南分部的基层骨干。刚开始张青很开心，有了这些新鲜的血液注入，对西南分部的事业发展有着巨大的帮助。但是这些人员上岗后暴露出很多问题，比如，许多基础的问题都不会处理，有人还把一些简单的事情弄错，整个基层工作被这些小年轻弄了个一塌糊涂。张青意识到了问题的严重性，于是决定亲自在员工内部进行一次摸底调查。

这天一大早，张青就开始了摸底调查，结果一直到中午，这群小年轻中没有一个人让张青感到满意。想到这里，张青不禁叹了口气，此时“咚咚”的敲门声打断了张青的沉思。

在他示意过后，进来了一位年轻人，他有些腼腆地跟张青问了声好，然后低着头站在那里。张青有些心不在焉地点了点头，示意他在对面坐下，然后拿出一个方案丢到这位年轻人面前，问道：“能不能做？”

年轻人仔细地看了看方案，然后看着张青，有些羞涩地轻轻点了点头，张青有些惊讶，接着问道：“能做？”年轻人有些不好意思地说道：“懂一点，但是不多。”张青又拿出一个方案，递了过去说：“看看这个能做吗？”年轻人接过来，仔细看了看后，窘迫地垂下了头。张青轻轻叹了口气，然后点点头说道：“嗯，还是不错的。”

上文中，年轻人羞涩地点了点头传递给张青的是“可以做，只是不是很精通”的意思，不是“我可以胜任”，而他随后有些窘迫地低下头，其实就是在传递“我不会做这个方案，感觉很羞愧”，不是“我考虑一下”。最后，张青轻轻叹了口气，点头说年轻人“还是不错的”，也不是说张青很满意这位年轻人，实际上他还是没有达到张青的要求。

点头、摇头，并没有那么简单

不知道大家有没有发现，我们在日常与他人沟通交流中，都会伴随着一些头部动作，其中出现次数最多的就是点头和摇头这两个动作。这两个动作出现的频率之高超乎我们的想象，在生活中，不论你是什么样的人，身居高位还是地位卑微，生性谨慎还是口无遮拦，我们都会在说话的时候有意或者无意地做出点头或者摇头的小动作。

一般情况下，点头和摇头都是在表明心迹，但是很多时候这些动作是言谈之中不自觉的附属行为，甚至做出这些动作的人本身都不会意识到自己点头或者摇头了。我们在言谈中的这些附属动作不管是有意也好、无意也罢，都会间接地被旁观者捕捉到，这些动作也就成为旁观者来揣摩主体内心秘密的重要途径。

左莫在某地的房地产行业是相当的出名，任何一个刚到公司半年的员工能够做出每月出售三套二手房的销售业绩都算得上是天赋异禀，而左莫每月能卖出四套，有些月份还能卖出五套，这样的能力着实让左莫火了一把。大家都不清楚左莫是如何做到如此优异的成绩的，有些人一度认为左莫只不过是运气好罢了。

其实左莫之所以能够做得这么出色，最重要的是他非常热衷于察言观色。作为一个房产经纪人，他非常善于捕捉客户的一举一动，从客户的身体语言中去探知客户真实的内心想法，这样就可以给出贴和客户心意的回应，所以左莫接待过的客户成交率达到70%。

有一次，一对夫妻想要购买一套二手房，公司让左莫和一位同事前去接待。见面后，对方先行说了自己的需求和心理价位之后，左莫和他的同事根据要求给这对夫妻推荐了两套房子：一套房子面积比较大，装修和暖气、燃气这方面都做得不错，只不过离市区有些远，周边一些生活配套设施不够完善；另一套房子的面积虽说不是很大，装修方面也做得不到位，但处于闹市区，周边配套设施完善，附近还有一个新建的大型购物中心。

在介绍这两套二手房的过程中，左莫一直留心观察着这对夫妻，他发现当他们在介绍第一套房子的时候，这对夫妻中的妻子虽然一边听一边点头，但是点头的频率有些频繁，好像是刻意为之；而在介绍第二套房子时，客户虽然没有什么很明显的动作，但是当听到周边有一个新建的大型购物中心的时候，妻子的眼睛突然明亮了起来。

这下左莫心里就有谱了，他并没有和同事一样，误以为客户喜欢第一套房子，不断地向客户夸赞第一套房子的好处，而是直奔主题，把第二套房子的优势给客户讲了一遍。结果不出左莫所料，由于事先已经猜到客户的心意，几乎没费什么力气就成功谈下了这单。

点头一般表示肯定的意思，但是如果谈话双方其中一方点头的频率过快，如连续点头三四次，就表示对方并不认同你所讲的内容，甚至可能持有反对意见。上述故事中的左莫平时喜欢看一些心理学书籍，才能根据对方在听他们介绍第一套房子时的反应来判定客户是持否定态度的，在介绍到第二套房子时，女客户眼前一亮的表现也让左莫知道在客户心里还是喜欢第二套房子多一些，所以才能顺水推舟地拿下这一单。

如果对方在听你讲话的过程中，不时地点一次头，但是他点头的频率和你所谈话的内容并不合拍，你讲完很久对方才点一下头，说明对方基本上没怎么听你讲的内容，他的心思根本就没在你们所谈的问题上，或者是有什么其他的隐情。

同样地，摇头在很多场合中也不仅仅表示否认，在交谈中，如果对方在听到你所讲的问题或请求的时候轻轻摇头，并且面带微笑，这就说明对方没有完全否定你的意思，而你需要更加委婉，或者是坚持自己的观点，对方就很可能被你说服。

如果对方在听你讲话的时候，摇头的动作和你所讲问题的节奏不符，那么他很可能就是在思考别的事情，不自觉地摇起头，并不是在否定你所讲的内容。

有趣的是，头部的动作还带有地域性。比如，日本人点头表示是在听你讲话，但不一定就是同意你所说的内容。

其他头部动作的含义

仰头一般都带有趾高气扬的意味，这个动作如果出现在社交场合，很容易给别人一种不舒服的感觉。当然在一些特定的情形中也可以表示为意气风发。而低头则与仰头相反，大多数代表自卑、自责、不自信，或者是情绪低落、事情没有达到预期的效果等。

歪头的动作比较小众化，一般都是女孩子在和亲密的人撒娇的时候才会出现，这种动作使得女孩子更加娇憨可爱，更容易引起其他人的关注。侧头则表示关注、感兴趣，一个人如果对别人讲的话感兴趣，一般都会倾斜着头去听。

当然生活中还会有一些其他的头部动作，比如，人们在大声说话的时候会昂起头，低声密语的时候会俯首。

由其他肢体配合完成的头部动作

心理学家莫里斯将触摸型头部动作细分为650类，分析整理后总结为四大项：第一项是隐蔽动作的接触，是一种企图掩饰的心态，如摸鼻子、用手遮脸；第二项是身体的动作，这些将手举向头部的“抓”“擦”“摸”等动作原本是整理头部的行为，但当我们感觉情绪紧张时，也会做出这些动作来安抚自己，如理一理头发；第三项是特殊象征性的接触，比如，为了强调主体正在思考，他会做出用双手抱着头的动作；第四项是自我亲密性接触，如用手侧撑头部。

但是这些分类并不全面，主要原因是：第一，头部动作的含义有很多种，并不能强行划分为一定的范畴；第二，这些由其他肢体配合完成的头部动作在很大程度上是为了追求精神上的稳定，只能说是大部分正确。

所以日常生活中常见的头部动作及其含义才是我们需要了解和探知的，其他肢体和头部相关的动作我们会在下面一些章节分别进行解释。

第四章

个体动作的含义及发展

人类有很多的身体动作，比如，一般不去控制的身体动作，这种动作是可以通过特殊的训练和大脑刻意的操控来做出的，但是如果在生活中刻意地操控身体做出这种一般不去控制的动作时，我们自身就会流露出更大的破绽。

第一节　个体动作的控制与测试

个体动作是人类本身无法逃避的微小的身体反应，是人体特有的密码机制，也就是说，只要人产生了情绪波动，那么他就会生成对应的反应。但有些人不希望在别人面前展露心迹，为了隐藏这些本能的反应而煞费苦心，这样做真的有用吗？

个体动作的强行控制

人类从出生开始就在慢慢地接收着来自各个方面的知识，在经过系统的学习后会形成不同程度的知识素养，这也使得我们大多数人都遵守社会规则。但是人类作为高级哺乳动物，本身就具备一定的动物性。地球上所有物种的最终目的都只有一个，那就是生存。动物们会在领地受到侵犯的时候露出尖牙利爪战斗，赶走侵略者的时候耀武扬威，抢夺食物的时候不择手段，遇到天敌的时候屏气敛息等——这一切事情都是为了保证自身的生存。人也是如此，虽然人类因为文明和科技的影响，不会像动物那样野蛮粗鲁，但是当人们在受到刺激的时候还是会产生动物反应，这些身体反应可以是本能，也可以是习惯。

人类有很多的身体动作，比如，一般不去控制的身体动作，这种动作是可以通过特殊的训练和大脑刻意的操控来做出的，但是如果在生活中刻意地操控身体做出这种一般不去控制的动作时，我们自身就会流露出更大的破绽。

小明从小就是一个调皮捣蛋的孩子，有一次他在上课的时候不好好听讲，偷偷玩起了手机。这节课是新来的张老师的课，有可能是张老师刚刚代课自身有些紧张或者是自己教学经验不足，因此大半节课过去了竟然没有发现小明没有认真听讲，而是在玩手机。

直到师生互动环节的时候，张老师忽然发现小明一直低着脑袋不知道在做什么，于是张老师慢慢地走近小明，想要看看小明在干什么。小明在玩手机的时候忽然觉得光线有些暗淡，瞬间就明白了，于是他强自按下心中的惊慌，平复好自己的呼吸，悄悄将手机塞进抽屉里面。张老师走过来看到小明低着头，僵着身体不动，尽管觉得有些不正常，但是因为没看到小明违反课堂纪律，便只是提醒小明要端正坐姿、认真听讲，然后接着讲课去了。

躲过一劫的小明十分惊喜，他发现通过这种有意识地控制自身情绪可以起到混淆别人视听的作用，于是决定利用这个方法来躲避老师的检查，屡屡故技重演。直到在班主任马老师的课上，贪玩手机的小明又一次希望通过自己的办法来蒙混过关。结果教学经验老到的马老师看到小明僵硬的身体和有些慌张的眼神，就知道小明一定没有在听讲，几番追问之下，小明的谎言也就被识破了。

文中小明在被老师抓到的一瞬间希望通过强自按捺情绪、控制身体的反应来蒙混过关，企图达到混淆视听的效果。但是他不知道，人在受到刺激的时候如果去把控身体的反应，会使得整个人都出现一种违和感，这时候你与同环境的其他人的身体反应的巨大差异会引起别人的疑虑，别人会诧异地问你："发生这种事情你竟然不吃惊？这么危险你都不恐惧？是什么原因让你无所触动？"这些强行压制的、异于常人的身体反应就是你最大的破绽。

我们都会不自觉地做出一些个体动作，这些动作对我们的生活、工作会产生一定的影响，这个影响可能是好的也可能是坏的。我们都希望展示自己好的一面、隐藏不好的一面，想要做到这些，就需要我们具备一定的自我身体控制力，同时也需要去观察别人，通过分析别人的动作来知道对方是否"真情流露"。古人用"泰山崩于面前而不惊"来形容一个人的气魄、胆识。像那些能够做到处变不惊的人，在历史中都干出了轰轰烈烈的大事业。他们是怎么做到的呢？这其实就是因为他们具备了非常强的自我身体控制力，所以才会展示出无与伦比的气魄和胆识，从而折服群众，一呼百应。当我们具备一定的自我身体控制力和识别他人破绽的能力的时候，不但可以帮助自己顺其自然地展示好的一面，还可以极大地减少被别人蒙骗的情况。

细心的朋友一定会发现，不论是公益节目，还是领导讲话，或者是公司高层会议，一些上台讲话的人都会做出这样一个动作——一只手拿着话筒，另一只手轻轻放在肚脐上方的位置。这样一个特殊的动作其实表明在台上讲话的人的内心是很紧张的，大家知道如果一个人在台上过度紧张就会导致身体颤抖，而最容易被人看到颤抖的部位就是手。在紧张的时候将手贴着腹部放置，一来可以缓解手部的颤抖，安定情绪，二来显得很有气度。

当然这种通过一些特殊的动作去控制身体颤抖并不是效果最好的办法，最好的办法就是我们自己的神经系统忽略刺激源的刺激效果（所有的肢体动作都是受神经系统指挥的），当大脑忽视了这种刺激之后，我们就不会做出过激的肢体反应。我们可以通过自我暗示的方法来告诉自己刺激源与自身无关，这样就会控制一些身体的本能反应。比如，我们在台上演讲的时候并不担心演讲失败所带来的后果，在自然灾害面前也不担心会危及自身生命，这样就很容易做到控制好自身的紧张情绪和出现本能反应的身体。

当然这些方法都是具有局限性的，我们不可能暗示任何事情都和自己无关、任何事情都不能影响自己，如果那样我们就不会是一个在社会中生存的人了。我们做不到，别人也同样做不到，所以在有效的刺激源面前，人的动物性会促使身体直接产生反应，通过这些反应，我们就可以洞悉当事人真实的心理情况。

个体动作与测谎

在生活中，如果我们需要判断一个人是否说谎，直接通过动作去判断的结果并不是十分准确，很多时候一些判定对方说谎或者有一定程度隐瞒的动作，也有可能就是人们自己的行为习惯，这就给我们判断一个人的真实情绪带来干扰和困扰。

研究表明，当我们需要去测试对方说谎与否的时候可以引入一个概念——肢体基线反应。测试时首先设计一些问题（这些问题和测试者需要隐瞒的问题是不相关的），通过这些问题来观察测试者在不同的情绪影响下所产生的肢体反应。因为测试者是没有必要隐瞒这些问题的答案的，也就是说，这时候测试者的身体反应是真实的肢体反应，不含有掩饰的因素，那么这些身体反应就可以作为肢体基线反应。随后我们可以问一些测试者有可能要隐瞒的问题，将此时的身体反应与肢体基线反应相互对照，作为判断测试对象的真实心理的基础。如果是相符的，那么就证明他没有说谎，如果不符甚至差异很大，那么他就很可能是在说谎。

第二节　肢体语言的发展

肢体语言又被称为身体语言，是指通过身体的各个部位协调互动来起到传递主体的思维情感的动作，并且通过这种方式达到沟通的目的。在生活中，这种通过身体动作代替言语的沟通方式在人际交流中占据了重要的比例。也就是说，如果我们想要通过对方的反应去判定这个人的说谎成分的话，那么我们必须先了解肢体语言。

1967年，美国著名的心理学家艾伯特·梅拉等人经过大量的实验研究，总结出一个著名的公式：人类在沟通中全部的表达信息＝7%的语言信息＋38%的声音信息＋55%的肢体语言信息。在当时，这个实验结果引起了很大的反响，人们恍然发现，原来在沟通交流中，肢体语言才是最“大众”的表达方式。

肢体语言的发生

肢体语言是人体在接收到刺激的时候所产生的肢体动作，也就是说，肢体语言的产生首先需要有刺激源。刺激源产生刺激的方式分为两种：一种是来自外界的刺激信息，另一种是来自内部的刺激信息。

来自外界的刺激信息是指通过外界物质或信息刺激身体表面的感觉器官而对主体起到的刺激，这种刺激也是我们日常接触最多的刺激形式。比如，听到刺耳的声音、感觉到彻骨的寒冷、触碰到不可名状的物品、品尝到让人呕吐的食物等。

与来自外界的刺激相反的是来自内部的刺激，这种刺激是指当事人内部感觉器官的异样而对主体起到的刺激，如腹部、头部等一些部位的不适或者疼痛。

这两种内外不同的刺激信息经过感觉器官汇聚到人体的中枢神经系统，再由肢体动作表现出来。从接触到刺激信息一直到做出明确的肢体动作的整个过程，间接地证明肢体动作是刺激信息所产生的刺激效果对大脑施加影响后的直接肢体反应。也就是说，这种反应是人体对刺激源产生的适应性反应，是真实可靠、值得研究的。

肢体语言的起源——遗传和学习

我们能够自如地做出丰富的肢体语言的能力究竟是先天遗传的还是后天形成的呢？其实这个答案在学术界还没有准确的定论，一直存在着不同程度的分歧和争议。有人认为是遗传造就的肢体语言，有人认为肢体语言是后天学习的结果，有人觉得肢体语言是遗传因素和后天学习共同塑造的，还有人认为基本的肢体语言是遗传的结果，而特殊的肢体语言是学习的结果。

19 世纪 70 年代著名的生物学家达尔文先生在《人类和动物的表情》中就说过："灵长类的动物表情是与生俱来的。"还有科学家研究发现，在双耳失聪、双目失明的孩子身上也会出现微笑的表情，完全不需要经过后天的学习。这也就说明，我们生来就具备一些基本的表情和肢体动作，这些基本行为是受遗传因素影响的。

在 20 世纪中叶，埃克曼教授通过对不同肤色、不同文化影响下的人们进行面部表情和肢体动作的研究发现，人类的七种基本的感情因素在不同肤色、种族的人群身上的表现是一致的。也就是说，不论肤色、种族、文化氛围、受教育程度、所处地区的发达程度有何差异，这些人们所呈现出的基础情绪反应是没有本质差别的。这也从侧面证明了人类早在原始时期，表情就已经实现同步进化。这个研究结果也为达尔文学说提供了有力支持，成为当时遗传决定论的有力支撑。

因为面部表情只是肢体语言的一个重要组成部分，同时具备共通性和普遍性，所以即便埃克曼的研究有力地支撑了遗传决定论，却也不能代表所有的肢体语言。很多学者在经过大量研究后发现，相同的肢体语言在所处的外界环境、文化背景以及传统习惯的影响下，所表现出的含义也是不尽相同的。

比如，亚洲的大部分国家、美国、澳大利亚的人们做出点头的动作都是表示认同，而在尼泊尔、斯里兰卡等国家点头却表示否认、反对和批评。有时候即便是同一个国家因为不同的传统习惯，肢体语言所表示的含义也是不同的，比如，在中国的大部分地区都认为抚摸孩子的头部是表示关心和呵护，但是在少部分地区如青海、西藏等，这种行为是非常没有礼貌的。

这些学者的言论又一次证明肢体语言是受文化和知识影响的，但是并不意味着否定遗传决定论。肢体语言的起源尚且没有一个公认的定论，这就需要我们共同努力去探知这一未解之谜。

肢体语言和语言的关系

早在远古时期，人类刚刚开始在地球上生存的时候，是不存在语言的，人与人之间的沟通都是通过肢体动作再配合上一些简单的音调来进行的。语言在刚开始的时候更偏向于补充肢体动作含义的意思，一直到语言完全发展成熟之后，它才能够像肢体语言一样独立地表达人们的意思。

那么，为什么不让更高一级的语言完全取代稍显原始的肢体语言呢？这是因为语言和肢体语言之间更多的是相互依存和相互补充的关系，而不是此消彼长的关系。比如，我们想要别人走近自己的时候都会做一个招手的动作，想要别人走开的时候也会伴随摆手的动作，认同别人的看法一般会点头，不认同会摇头，在做出这些动作之后，他人无论是听到话语，还是看到动作，都能很快地明白我们的意思，彼此间的沟通更加高效和便捷。因此，肢体语言在现在生活中依然有充分存在的必要，不会被语言完全取代。

第三节　肢体语言的解读

众所周知，人类是会说谎的动物。谎言的本质其实就是语言，每当我们想要达到欺骗目的的时候，一定会有语言的参与。与此同时，人类也是诚实的，尽管我们可以通过种种手段去编造谎言，却很难控制肢体的本能反应，它会如实地表明我们大脑的想法。因此，对肢体语言的研究是心理学中的重要内容，通过系统学习，我们可以解读肢体语言，从无声的动作中“听”出有声的信息来，尤其是那些被隐藏起来的信息。

肢体语言在生活中的应用

现实中，很多肢体语言所表达的意思都很直观，我们在生活中也能够很轻松地判断出身边亲朋好友的肢体语言的含义，这似乎已经成了一种习惯。其实早在春秋战国时期，就有人通过别人的肢体动作来判断出他想要表达的意思。

《韩诗外传》中有这样的记载。管仲曰：“子何知之？”曰：“臣闻君子有三色，是以知之。”管仲曰：“何谓三色？”曰：“欢忻爱说，钟鼓之色也；愁悴哀忧，衰绖之色也；猛厉充实，兵革之色也。是以知之。”管仲曰：“何以知其莒也？”对曰：“君东南面而指，口张而不掩，舌举而不下，是以知其莒也。”

这个故事讲的是春秋时期，齐桓公和管仲密谋准备发兵攻打莒国。可是还没发兵讨伐，这个消息已经被莒国知道了。机密泄露之后自然使得莒国整军备战，齐国再用兵也起不到好的效果了。

齐桓公和管仲都感到非常纳闷，本来就是密谋的事情怎么会被别人知道了呢？管仲就问当时谈话的时候附近有没有其他人，齐桓公说有一些服劳役的人在远处做工，但是他们离得很远，是不可能听到这件事情的。

管仲就找来那些服劳役的人，看到其中有一个叫东郭牙的人气度不凡，就断言道："一定是这个人。"管仲问道："你就是泄露我们准备讨伐莒国消息的人吧？"东郭牙坦言道："没错，是我。"管仲又问道："你为什么说我们要讨伐莒国？"东郭牙回答道："君子是善于谋划的，小人是善于猜测的，我是猜到的。"管仲感到很惊奇，接着问道："我们没有说过要讨伐莒国，你是凭借什么猜到的？"东郭牙想了想说道："我知道君子有三种神情，所以据此猜到的。"管仲问："这三种神情是什么？"东郭牙答道："开心欢喜是要参加宴会的，忧心凝重是哀痛的，怒发冲冠是要发动战争的。那天我看到你站在高台上怒发冲冠，就觉得你要发动战争。"管仲问："你怎么知道我们要讨伐的是莒国呢？"东郭牙说："你站立的位置面向东南方，说话的时候嘴巴大张、用手朝着莒国的方向指指点点，所以我就断定你要讨伐莒国。"

东郭牙因为所在距离较远而没有听到管仲的话，却根据管仲的肢体语言判断出管仲要讨伐莒国，展现出"圣人听于无声，视于无形"的情态，在后来很多场合中管仲都坦言自己在察言观色这方面不如东郭牙。由此可见，肢体语言在很早的时候就已经被人们加以解读和利用了。

人和动物都具备解读肢体语言的能力

生活中不仅仅是人类具备解读肢体语言的能力，很多动物也具备这种能力。很多人都观看过马戏团的表演，马戏团的动物多才多艺，不仅能够做出一些特殊的动作，还会做一些简单的算术题。那么，动物是不是真的和人一样具备算术能力呢？

20世纪20年代初，有一名德国教师退休后，买了一匹马做伴，他给这匹马起名叫“汉斯”。汉斯在他的训练下竟然会做算术题，因此曾经名噪一时。它能够用蹄子把算术题目的答案敲出来，这样聪明的马引起了人们的广泛注意，很多学者都前来观看，希望能够一窥其中的奥妙。

后来一个学者发现汉斯其实是不会做算术题的，它之所以每次答对题目都是因为它的主人。学者研究发现，每当汉斯开始敲击蹄子的时候，教师就会非常紧张地盯着马的蹄子看。当马敲击的次数是正确答案的时候，教师就会面带微笑，微微地点一下头，好像是对马的聪慧表示赞扬，马看懂了教师的肢体语言，所以每当教师做出这个动作，它就会停下来。

当然，这并不是说教师是故意在骗大家，而是证明了两点：第一，肢体语言会真实地泄露出一个人的内心情感，并且很少有人能够完全掩盖这种信息；第二，人和动物都具备解读肢体语言的能力。

研究肢体语言的两条捷径

第一条捷径是研究动物的肢体语言，第二条捷径是研究孩子的肢体语言。这两种研究方案不仅能够使我们得到更加丰富的信息，而且所得到的研究结果也是最接近真实答案的。

动物的研究主要针对灵长类动物，通过对猩猩、狒狒的研究，我们可以看到一些人类肢体语言进化的残留痕迹，从而理解人类的一些行为的内在含义。在受到威胁的时候，人类和动物的反应非常相似，比如，人类在遇到急速驶来的汽车时的第一反应就是躲避，动物在遇到天敌时的第一反应也是逃避。这些本能反应说明人类和动物的肢体动作之间有着千丝万缕的联系，同时也说明通过对动物的肢体动作的研究来考证人类的肢体动作是有可行性的。

而研究孩子的肢体语言是因为婴孩和幼童所受到的社会影响最少、思维最纯净，所以他们身上所出现的肢体动作更接近人类本性驱使的肢体动作。通过分析这些动作，可以更好地帮助我们探寻人类肢体动作的发展规律。很多做过妈妈的女性朋友都会知道，初生的婴儿天生就会吮吸妈妈的乳汁，这是不需要大人去教授的，是感到饥饿时的本能反应；在吃饱之后，婴儿会把头扭开，转向一边，通过这个姿势表示自己吃饱了，通常在生活中我们扭头的含义也是拒绝，与婴儿的本能反应不谋而合。

肢体语言的四大原则

如果想探知肢体语言这门艺术，我们就要知道肢体语言的四大原则，通过这四大原则才能更加正确地解读肢体语言的奥秘。

第一个是连贯性原则。有些读者在看了一些解读肢体语言的书之后就片面地把这些书中所描绘的肢体动作当成判断依据，而忽视了与这个动作相关的前后连贯动作，这是断章取义的行为。比如有一篇文章，我们只看其中一段的含义而忽视整篇文章的含义，这样做的结果只能是让读者产生认知偏差和谬误。如果我们想正确地解读某个肢体语言，就要联系这个动作的前后动作去分析，如此才能知道这个肢体语言所蕴含的真正意思。这种连贯性的原则要求我们在分析肢体语言的时候做到完整持续地分析肢体动作的前后变化。

第二个是一致性原则。万事万物都是相对的，都需要相互协调，我们做任何事情都有一定的节奏，也可以称之为节拍，比如，一首优美的歌曲如果在弹奏过程中节拍出错，哪怕是很小的一个纰漏，尽管我们可能说不出是哪里的问题，但是我们本能地觉得这次演奏不完美。肢体语言也是这样，如果我们在做一个动作的时候上下肢体的节奏不协调，整个人就会呈现出明显的违和感，这种违和感会引起他人的察觉和质疑。

第三个是背景性原则。就好比我们大家在看电视剧的时候，第一集都会先介绍一下故事发生的背景，之后才会有后续的故事。我们在解读肢体语言的时候一定要了解肢体语言所产生的背景，这个背景可以是当时的国家形势，也可以是自然环境。同一个肢体动作在不同的背景环境中的含义是不同的，比如，我们在寒冷的天气里抱紧双臂是为了抵御寒冷，如果在温暖的环境中做出这样的动作通常表示一种拒绝。

第四个是可能性原则。虽然肢体语言的解读能够让我们具备更强的判断能力和分析能力，尽管人们在沟通交流中全身上下都传递着不同的信息，然而人类的观察力是有限的，观察者很难将这些信息全部捕捉到。因此，我们在通过一个人的肢体信息去做出判断的时候，就会因为捕捉信息的不全面导致据此所做出的判断并非绝对正确，会带有一定的错误性。所以在生活中我们应该大胆猜测，但要避免急躁地下定义或是给出绝对化的结论，而应该客观地分析佐证，这样才能正确解读肢体语言，否则就可能产生相反的结果。

解读肢体语言的三个层次

在解读肢体语言方面，我们可以根据能力的不同分为三个层次：

第一层是初级认知阶段。主体在通过一定的了解和阅读肢体语言方面的书籍或资料之后，利用这些知识去验证他人的肢体动作。如果动作所表述的含义与自己所学的知识是相同的，就不禁欣喜不已。这种状态就是“看山是山，看水是水”的层次。

第二层是实验探索阶段。这个时候，人们在学习和实践中已经具备了一定的分辨和解读肢体语言的能力，可以借助较为单一的知识来将别人刻意隐藏的东西挖掘出来，并且在生活中特别热衷于解读身边人的心理情绪。这样做虽然提高了自身的分析能力，但是会因为某些过头的分析举动导致身边人的不悦。这个阶段就是“看山非山，看水非水”。

第三层是分析应用阶段。达到这个阶段的人，已经算得上是肢体语言的解读师了。他们会牢记肢体语言的基本定义和分析肢体语言的四大原则，通过这些方法去分析肢体语言。经过分析，他们可以很轻松地从多个方面判断出对方是否在说谎，却不轻易泄露出对方的情况。这个层次的解读师对世界的认知有了立体感，已经达到“看山还是山，看水还是水”的境界。

解读肢体语言能够很好地帮助我们获取信息，并且对信息的真实性进行判断，这些对我们的工作生活都能起到一定的帮助。本书将结合四大原则为大家介绍更多的基本肢体语言的背后含义，帮助我们达到看待事物更透彻、更清晰的高层次。

第四节　边缘大脑是总指挥

大脑是我们身体的总控制中枢，掌管着身体器官的运作和肢体运动，感觉、记忆、思维、学习等行为都是由大脑指挥的，大脑是人体最复杂的部分。

人类的“三重脑”

19世纪中叶，有一位名叫保罗·麦克林的科学先驱提出人类大脑是由“旧皮质”“边缘系统”“新皮质”三个部分组成的。这三个部分彼此之间相互独立又相互连接，它们各自拥有自身的特性、功能，又能根据进化的层次，依次覆盖在已有的大脑层上。这种好像是考古遗址的形态一样被科学家们形象地称为“人脑的三位一体”。

旧皮质，对应“爬行动物脑”，又称“原始脑”或者“基础脑”，它是由脑干和小脑组成的，是人类最早拥有的脑组织。对爬行动物来说，这种大脑的组成足够操控它们所有的肢体行为，也是因为这个原因，人们才将旧皮质称为“爬行动物脑”。在这个“大脑”的指挥下，人类和动物有着类似的行为模式：僵硬、偏执、思维模式单一、狡诈多变，与祖先在蛮荒时代的生存模式一致。这个“大脑”控制着我们身体的协调、平衡、自动机能等功能，即便在人体处于睡眠状态时，它也不会休息。

边缘系统，对应“古代哺乳动物脑”。这部分大脑与进化早期的哺乳动物相对应，它的功能主要与人的情感、直觉、哺育、打斗、逃跑和性行为有十分密切的关系。边缘系统是由下丘脑、海马体、杏仁核共同组成的。这部分脑组织在受到弱电流的刺激之后（人的大脑是通过弱电流传递信息的），就会产生恐惧、欢乐、愤怒、喜悦、悲伤、担忧、惊讶等情绪，虽然这些情绪的留存时间非常短暂，但也能说明整个边缘系统是孕育情绪、注意力和情感的温床。它也是人类判断事物的基本价值与特别之处的重要媒介，甚至能够感知一些不确定的因素。边缘系统与新皮质有着很大的联系，这二者相互协调合作，共同操控着脑功能的发挥。

新皮质就是新皮层，对应“灵长类动物脑”，也就是所谓的“高级脑”“理性脑”，它泛指大脑的左右脑半球。这种附带有皮质下层神经元组群的组织被称为“新皮质”。

左脑控制右半边身体的神经系统，掌管着右侧肢体的一切运动。左脑被称为语言中枢，拥有着控制说话、学习、计算、逻辑思维、分析判断等能力。它注重理性分析，将复杂的事情处理为简单的要素，因此被冠以“知性脑”的美称。

右脑则控制左半边身体的神经系统，掌管左边身体的一切运动，同时拥有控制图像、感觉、鉴赏、想象、创造、空间感等能力，决定了人的空间感、抽象思维、音乐鉴赏以及艺术性的能力，所以被称为“艺术脑”。右脑功能在很大程度上受到左脑限制，所以不能充分发挥，现代人用脑之时，使用左脑的概率是90%以上，而右脑的开发度很低，基本处于闲置状态。

在人类的大脑中，新皮质占据了大脑总量的2/3，而其他动物的新皮质却很少，甚至根本没有这种物质。正是这种大脑所具备的高阶认知能力使得人类成为地球的主人，因此新皮质对于人类而言是最重要的。

边缘系统的三个特点

在人类的这“三个大脑”中，边缘系统直接影响着人类的生存。我们可以借用《星际旅行》里面的一句话：“大脑边缘系统的最高指导准则就是，要保证人类这一种族能够生存下去。”现实生活中，边缘系统有这样三个特点：

第一个特点是趋利避害。它在接收到刺激之后会立刻产生反应，这种条件反射是因为边缘系统会不断地记录这些刺激，当我们接触到刺激源的一瞬间，大脑就会把刺激源与已经记录过的信息相比照，只要觉得刺激源会影响到人们的健康以及生命，身体就会马上产生反应，也正是这种反应在恶劣的环境中最大限度地保证了人类的延续。比如，我们在去公园游玩的时候，想要近距离地观察眼镜蛇，我们就会不断地告诉自己：“眼镜蛇是被玻璃窗隔离着的，是不会攻击到我们的。”这时我们会隔着玻璃窗去看个仔细，但是当我们真的贴近玻璃窗观察时，若是眼镜蛇突然扑过来，我们还是会下意识地向后退去。

第二个特点是不休息。因为这个系统负责的是人类关乎生死存亡的事情，所以边缘系统是从来不休息的，一直处于警戒状态。我们应该都有这种体验，即便是在睡眠中也可以感觉到有人打开房门，边缘系统做出的反应使我们从睡梦中惊醒以应对一些突发事件。

第三个特点是情绪控制。边缘系统掌握人类的所有情感，当边缘系统接收到刺激信息之后，就会发出控制信号来让身体各个部位做出相对应的动作。研究还表明，在边缘系统的情感认识里，喜欢就是喜欢，不喜欢就是不喜欢，没有模棱两可的状态。

1999年12月，美国海关抓获了一个自称“千年轰炸者”的恐怖主义分子。当时在入境检查的时候，海关人员发现这个叫阿摩德的人神色异常，满脸焦虑紧张，并且汗流不止，一下就引起了海关人员的注意，于是勒令他下车接受检查。当时阿摩德试图逃跑，结果被早有准备的海关人员轻松抓获。海关人员在随后的搜查中发现了藏在车中的炸弹和定时装置，阿摩德也对自己的行为供认不讳。

神色紧张焦虑和汗流不止正是大脑对巨大压力固有的反应方式。正是因为边缘系统控制着人类这些本能的反应，所以边缘系统的行为是真实可信的行为，海关人员才得以据此成功捕获阿摩德，避免了一场灾祸。

边缘系统的条件反射行为

人类的行为可以根据大脑的参与程度大致分为三类：第一类是高级的脑运动，这类活动需要我们在主观上加以重视和实施，如令很多孩子万分头痛的英语学习。第二类是中级的脑运动，这类运动里面大脑的参与程度就不是很高，也不需要我们刻意控制，当然如果我们想要去控制也是随时可以实现的，比如，我们的呼吸、眨眼、跑步等。第三类是低级的脑运动，这种运动完全不需要我们主观控制，即便我们想要去控制，也不是能够轻易做到的，比如，我们的心跳、身体毛孔的打开闭合、消化系统的消化过程等，它们都是生命的自主运动，也是基本运动。

进一步分析，因为大脑的高级运动需要我们的主观控制，也就是说，我们在做这种运动的时候很容易作假。大脑的中级运动是可以作假的，因为这种情况下我们可能会通过刻意控制去改变自己的行为。相对于前两种脑运动，大脑的低级运动作假的难度就要高很多，其中有一部分行为需要通过一定程度的训练才可能操控，比如，心跳频率，但是有些行为是不能操控的，比如，消化吸收的过程。

虽然这些运动根据大脑的参与程度分为三个等级，也会根据大脑参与程度的高低产生相对应的作假难易度。但是在作假的时候，我们往往忽略了边缘系统对来自周围的刺激是条件反射式的反应，是不通过思维考虑的，是可以主动判定的。边缘系统就好比是一台计算机接收着来自外界的数据，然后根据刺激源的侧重方向（消极的或者是积极的）将这些刺激信息整理归纳，刻录在大脑里。只要我们接触到刺激源，大脑接收到刺激信息，边缘系统就会马上做出反应，也就是做出早就“准备好”的身体反应，这些肢体动作是真实有效的，不能被完全掩盖。

举个例子，当我们走在街道上，和一只小猫不期而遇时，边缘系统收到的刺激是微乎其微的，所以我们不会有什么夸张过激的行为反应，这是因为边缘系统早就计算过这种动物不会对我们产生任何威胁。而相反地，如果我们对面走来的是一只华南虎，那么边缘系统就会立刻发出控制信号，使我们马上做出躲避或者自卫的肢体动作，因为在边缘系统的记忆里，华南虎这种生物完全可以威胁到我们的生命安全。就算我们此时想要故作胆大镇定、从容地面对面走过，肢体语言也会暴露出大脑的真实想法——腿软无力、紧握双拳、身体僵硬、头冒冷汗、不知不觉地拉开与华南虎的距离，做好随时逃命或是抵抗的准备。

第五章

常见的个体动作

常见的挑衅姿势里面还有手指的动作，比如，大拇指向下。大家都能理解大拇指向上是赞扬的意思，如果在对峙中先将大拇指向上比向自己，然后再将大拇指向下比向对方，那么这种挑衅的动作就会给对方十分强烈的刺激。

第一节 冻结反应

我们都观看过《动物世界》，知道在捕食者慢慢接近猎物的过程中，如果发生风向的突然改变或其他的意外情况，都会引起被捕食者的警觉，被捕食者会产生一个相同的肢体动作——保持静止，然后抬起头、竖起耳朵、抽动鼻翼、绷紧肌肉，一旦发现自己处于危险之中就会马上夺路奔逃。

我们回忆一下自身的经历，比如，有养狗的朋友大多看到过这样的景象：在感受到突发情况的时候，狗会突然做出静止的动作，竖起耳朵收集信息，或者是盯着有异常的方位。

再如，当几个朋友聚在一起畅饮谈天的时候，突然听到门外有声音，大家的反应应该都是先暂停手中的一切，当然这个动作可能会很短暂，但是一定会有这样的动作。

这些相似的肢体动作其实都是边缘系统的一种战略手段。在心理学中，这种在遇到危险的情况时，通过保持静止的状态来降低自己的存在感和激发自身感觉器官的行为被称为冻结反应。冻结反应往往随着出乎意料的事情而产生，这种意外事件所引发的最直接的情绪就是“惊讶”。在惊讶的一瞬间，我们会激活全部的感觉器官来采集刺激源的信息，大脑将其分析之后，再根据自身的应对能力做出判断，判断自己能否解决问题，然后才会做出其他的肢体动作。

冻结反应的过程虽然短暂，却消耗了不少大脑能量，所以身体的其他行为才会停滞下来，将所有的能量集中调配给大脑使用，这也是身体冻结的原因之一。

在人类的进化历史中，这种瞬间静止，然后激活所有感官的行为成了我们最有效的保命手段。因为地球上绝大多数的食肉动物对移动的物体十分敏感，这也是它们边缘系统进化的结果，以保证捕猎的成功率。只要我们保持不动，就不容易被捕食者发现，就能够得以保命。自然界中将对移动物体敏感的行为进化到极端境界的应该就是青蛙了。青蛙的眼睛能够清晰地捕捉到飞虫的运动轨迹，但如果是静止不动的昆虫，青蛙却完全看不见。

冻结反应：跪拜

在古代社会频繁出现的动作——跪拜，其实就是躲避惩罚或是保命的冻结反应。其实我们如果仔细研究跪拜这个姿势就会发现，跪的时候双膝着地，一动不动，暗示着自己是跑不掉的；拜的动作则更加奇妙，双手抱头触地，不仅将自己的高度降到最低，还保护头部、腹部以及生殖器官等脆弱的地方。

这种动作绝对不是随便就能想出来的，而是大脑根据求生经验迫使我们做出来的。所以在古代社会中，上位者一旦发怒，下位者就立马跪地求饶，这不仅仅是因为礼仪使然，更重要的是自身求生意志的体现。

冻结反应：身体僵住

当我们自己不能判断威胁来自哪里时，大脑做不出足够的分析，身体也就不能产生相应的动作，这时候就会产生最标准的冻结反应——僵住，就是保持上一秒的姿势一动不动。在生活中很多男生都有打篮球的经历，如果在篮球场上，一个抢篮板的动作使得篮球磕框弹起、作势下砸，往往就会有人因为处在篮球砸下的轨迹中而身体僵住不知所措。他担心自己做其他动作会被篮球砸到更重要的部位，这就是为了避免身体受到更大伤害所产生的冻结反应。

冻结反应：屏气凝神

生活中还有其他的冻结反应，如呼吸，这是一种隐晦的冻结反应。人们在紧张的时候会出现这种反应，当面对一次重大的演讲或者一次公开的采访时，人们通常会屏息敛神，试图让自己冷静下来。有句俗话说“大气都不敢喘”正是这种反应的真实写照。

当主体受到一定的刺激时，会伴随快速吸气的情况，同时呼吸的频率也象征着接下来的动作的激烈程度。在现代社会中因为很多的客观因素、条件，使得主体在感受到恐惧的时候不能逃跑，也不能做出有效的反抗，这个时候就会出现减弱呼吸频率，甚至屏住呼吸以降低自身存在感的冻结反应。

张洁的一位同事在一次筹办重大会议的时候，因为事情烦琐，自己又精力有限，竟然忘了派车去接一位重要的领导莅临现场。虽然事后这位领导并没有责怪他，整个会议也圆满地结束了，但这件事情还是让该同事的直接上司非常生气。

到晚上庆功的时候，上司点名批评了这位同事。当时虽然只讲了几句话，但是在上司批评这位同事的时候，大家都禁不住屏住呼吸，静静地听上司讲话。而这位同事也自觉惭愧，收敛情绪，屏气凝神地听上司批评，整个会场的空气都像是凝结了起来。不过幸好上司只是批评两句，接下来整个宴会又恢复了融洽的氛围。

其实张洁和同事们之所以屏气凝神，正是因为人类长期进化而来的本能。在远古时期，人类通过屏住呼吸来躲避凶猛生物的追击，而这种保命手段被边缘系统留存在血脉记忆中。现实生活中，我们虽然不会用到这样的手段去躲避追杀，但是在遇到负面压力的时候，我们还是希望能够通过这样的手段达到保护自己的效果。很多时候由于呼吸的不易觉察性，人们往往会忽视这种隐晦的冻结反应。在很多心理实验中，如果被测试者突然出现屏住呼吸的冻结反应，那么深度挖掘导致他做出这个反应的因素，大多能得到意想不到的结果。

冻结反应：约束双手

最常见的手部冻结反应出现在舞台上。当我们站在一个巨大的舞台上，四周灯光绚丽，一束明亮的聚光灯打在自己的头上，整个人都不由得紧张起来。这时候我们或许会强自镇定，面带微笑，挺胸抬头，站直身体，可是我们的双手怎么办？这时候双手就会因为紧张而产生冻结反应。

我们想象一下，老板在训斥员工的时候肯定不会只保持一个手部姿势不动，他一定会指指点点；电视节目主持人也不会在主持的时候把手插进裤兜里，他一定会使用丰富的手势来协助表达语言。因为在任何时候，肢体的扩张都是一种积极的、带有侵略性的心态，而肢体的收缩则代表隐藏、示弱、消极的心理状态。

通常情况下，女孩都喜欢将双手拉住放在身前向内倾斜交叉，手与手相互勾在一起，这个动作也经常被人当作可爱的表现。但是实质上，这是她们内心紧张的一种暗号，她们通过约束双手来使自己显得更加自然，否则在紧张情绪的促使下，她们很可能不知道把手放在哪里好。

还有很多手部的动作，比如，双手背在身后、双手插在口袋里、一手拿麦克风一手插进裤兜、用袖筒将双手拢起来等，这些通过自身或者外力来约束自己手部的动作都是在不知所措的情况下产生的冻结反应，影射了当事人内心情绪的焦虑和紧张。

冻结反应：双腿并拢绷紧

腿部的冻结反应也是主要体现在拘束这一方面，比较常见的就是突然停下脚步，双腿并拢挺直，肌肉紧绷。这种反应主要是在人感到紧张、拘束或者是感到巨大的压力却又不能逃离现场的时候才出现的，通过这种方式似乎能够以不变应万变，让自己远离可能会出现的麻烦。

腿部的冻结反应也会引发不好的后果，现实中经常出现这样一幕：有人在过马路的时候，有一辆汽车失控，突然从一个让人意想不到的方位冲了过来。在这种情况下，最好的选择是逃跑，但是事实上，很多人在这一刻是僵立的，本能地被冻结反应所操控，错失最好的逃生机会。

同样地，在坐姿中并拢双腿，或者将双腿别在椅子腿后面，也是出于冻结反应。我们在很轻松的情况下做出这样的动作是很费力的，会让双腿产生麻痹感。但是在紧张的时候，我们的身体就会自然地通过这样的约束动作来缓解自己的情绪，从而呈现出局部的冻结反应。

有一名女教师在学校被杀害，在案件的取证排查过程中，并没有发现有人和这位女教师发生过冲突，几番查证之后，找不到嫌疑人，只能决定将案件暂且搁置。但是线索也就在这一刻浮出水面，在与校长握手告别的时候，警长发现校长的双手异常冰冷，而且手心很潮湿。警长立马断定校长有很大的嫌疑，不是知情人，就是谋杀者。在反复侦查之后，终于水落石出，原来这位校长和女教师私通，而女教师则用这件事情威胁校长，在极度紧张愤怒之下，校长失手杀了女教师。

事后这位警长曾坦言：当一个人在极度紧张的情绪下会触发冻结反应，因为当时这位校长害怕事情败露，在极度恐惧又没有办法的情况下，身体的血液向双腿涌去，为逃离做准备，那么他的其他部位就会失温，并且会冒出虚汗，所以他的双手才会冰冷潮湿，正是这种身体的诚实才让校长没能逃脱法律的制裁。

第二节　认同反应

认同是一种特殊的心理状态，这种促使自身向超越自己、比自己更强、更有社会地位的人趋同的倾向就是认同。

个体通过某些行为和肢体动作去模仿自己所认同的目标，在趋同过程中所出现的肢体反应就是认同反应。也就是说，认同反应首先需要在心理上借用或者分享他人的成功，通过这种行为来消除自身在现实生活中没有达到同等地位和成功时所产生的挫败感和焦虑感，为自己带来本身得不到的精神上的满足，在一定程度上也会增强自身的自信心。

认同反应的“成长”

认同反应的种类有很多，比如，文化认同、社会认同、团体认同、性别认同、身份认同、价值认同、自我认同、幻想认同等。可以说，认同反应涉及生活的方方面面。而且人类从一出生就开启了“认同模式”，我们从几斤重的婴儿慢慢长大成人，在整个成长过程中，我们在对父母、家人、老师、同学以及通过媒体接触到的知名人士的认同中，不断地融入社会、认同社会。

我们出生后就会模仿父母的口型发声，还是婴儿的我们就开始认同白天活动、晚上睡眠的生活规律。

再长大一些，我们就会模仿身边小朋友的某些行为来加入“朋友联盟”，这也就是团体认同反应。这种认同需要两个条件：第一，我们首先要加入一个社会团体；第二，这个社会团体有足够的实力或者能够让我们认为它有实力。这个时候，我们就会对这个团体产生认同感，而这种认同感也会促使我们向别人夸耀这个团体的强大和自身对该团体的重要性。

再大些，我们就会模仿自己心仪的老师、社会名流、歌星、影星的行为动作和穿着打扮等，通过这些途径来认同社会。在这个阶段，幻想性的认同反应是最容易发生的，它类似于偶像崇拜。我们会根据神话故事或者历史传说中英雄人物的事迹、行为来为自己设定一个认同标杆，在生活中按照自己所设定的标杆行事。

认同反应的利弊

李克是机电系的一名大学生，他相貌平凡，也不精通穿着打扮，平日里沉默寡言，从小到大总是被人忽略。所以，李克常常一个人吃饭，一个人逛街，没有什么朋友，即便是同班同学，在体育课上也没有人愿意和他组队活动，更别说能有一个可以说贴心话的女朋友了。就这样，李克越来越沉默，他甚至开始怀疑自己是不是不适合生活在这个社会。

有一次，李克发现自己的一位留着长发的男老师非常受同学们欢迎，同学们都愿意和这位老师沟通互动。就连其他系的一些女孩也都特别喜欢这位老师，每当这位老师去足球场踢足球的时候，总会有很多人前来观看，呐喊助威。李克也经常关注这个老师的一举一动，常常想如果自己是这个样子，那该多好啊！

慢慢地，李克开始留起头发，开始学习踢球，鼓足勇气和同宿舍的室友们说话，讨论最近特别火的电视剧。就这样，李克有了朋友，宿舍的活动一定会叫上他，体育课上也可以和大家一起在足球场上驰骋，他竟然还交了女朋友。当大家都在为李克的改变感到惊讶的时候，只有李克知道自己产生这些改变的原因。

人类本身就是一种群居性的生物，离群索居的后果是很可怕的，我们不敢想象自己孤身一人生活的状况。如果我们不愿这种状况发生在自己身上，那么就需要学会认同他人、认同社会。李克正是受到了认同反应的益处，找到了积极向上的认同对象，加以模仿之后，从孤独、不快乐的人变成了合群、快乐的人。

认同反应：自我认同

有一种特殊的认同——自我认同。自我认同包括自我了解和自我实现两个部分。通过自我了解，对自身形成一个清晰的认知，知道自己可以做什么、有什么特长和优势、有什么缺点和不足、自己该怎么做等。自我实现就是充分利用自身的有利条件，使自己变得趋于完美。这种行为源自自我发展的需要，这种需要也是人自身强度最大的需要，所以有时候很难得以满足。

虽然自我认同的产生是好的，有利于我们变得更加自信，同时也能够让我们清楚地知道自身的发展方向，但是其也有不利的一面，比如，很多人都喜欢被他人恭维的感觉，很少有人会拒绝别人的称赞，但是如果自身没有形成合理的自我认同，往往会因为他人过度的赞誉而高傲自大；又因为自身并没有配得上这种称赞的能力，所以在被他人揭穿的时候，就会产生巨大的心理落差，从而击溃当事人的心理防线，使其一蹶不振。

接纳是否等同于认同？

接纳是与认同相似的一种心理，但是它又不同于认同。接纳这种心理更偏向于接受、不抗拒的方面，这种心理所导致的肢体反应较为单一，多是即时发生的，不会做出其他多余的肢体动作。

但是通过上面的分析，我们可以看出认同这种反应蕴含着一种判断属性，是自身在有选择的情况下而做出的行为。也就是说，认同是多变的，我们认同的东西不同、认同的对象不同，可能就会做出不同的举动，这些行为便没有特别明显的规律。但是如果一个人开始产生一种新的认同反应，那么这种反应就会使这个人做出某些异于平常的行为。因此，通过这种不同寻常的行为，我们就可以知道他产生了某种情绪，甚至可以通过他的肢体动作推理出他所认同的对象。

第三节　领地反应

领地反应在动物界俗称“圈地”，这是一种对自身实力认同的结果，实力不同，领地的大小也就不同。强大而又拥有力量的动物都拥有自己的领地，它们在自己的领地里捕食、求偶、育子，也会在领地被入侵的时候奋起反抗或者不敌败走。总之，领地就是这些动物的家，它们只有在自己的领地里才会显得更加惬意自由，也正是这种感觉让动物对领地充满占有欲和保护欲，对于任何试图侵占自己领地的行为都不惜血拼到底。

人类拥有更高的智慧水平和学习能力，创造出了辉煌的文明，领地反应也随着人类的进化历程融入生活中的方方面面。好比有钱的人住的房子大一样，当我们在某一个方面拥有着话语权，或者是某件事物的拥有者，都会产生这种领地反应。在确认了领地属性之后，如果还有他人前来侵犯，就会引发领地所有者的怒火。这种领地反应，简单来说就是一种对内的绝对统治和对外的拼死抵御。

领地反应的产生

话说回来，人为什么会具备领地意识呢？归根结底，是因为人的自尊。对于社会精英而言，人类生来就拥有发达的大脑，而其衍生出的学习能力可以说是人类最重要的一个技能，出色的学习能力会让一部分人脱颖而出，成为某个学科领域的精英，为社会做出一定的贡献，同时获得社会的物质回馈以及认同。也正是这种回馈和认同促使这些人不断地加深对该能力的学习，当这些人的能力水平达到一定程度的时候，就会被尊称为“某某领域的权威”，这个领域就会是这位权威的“领地”。对于普通人而言，这个领地就是自己的自尊。一个人的自尊首先需要自己对自己的肯定，然后需要他人对自己的肯定，当他人不肯定自己肯定的事情时，就相当于触犯了这个人的领地。

生活中，我们经常听到这样的话：“你没有做过什么什么，你不懂，等你做过之后再说吧。”在这个时候，我们往往是无言以对的。因为别人经历过，其中滋味自然是深有体会，不是纸上空谈，所以做过的人最有发言权；自己没有经历过，那么自己所说的都是空话。对方的这番“我是过来人”的话和高高在上的态度其实就是常见的领地反应。

小吴有一个同事叫李梅，她们共事了很多年，因为李梅年纪稍长，等到小吴结婚的时候，李梅的孩子都该上幼儿园了。前两天，李梅托了不少关系才把自己的孩子送进一所幼儿园，并且享受了优惠价格——每年 12000 元的学费。

这种情况让小吴瞠目结舌，一个 3 岁孩子上学的费用怎么比一个大学生的学费还要高？每当小吴和李梅聊起这个话题的时候，小吴都觉得这样的事情太不可思议，甚至放言道：“以后自己有了孩子一定不会去花这个冤枉钱，即便是把孩子送去乡下，也不花这个钱。”而李梅则对小吴的话嗤之以鼻，她觉得这已经是很低的价格了，有些家庭为了将孩子送进理想的学校，不仅要熬夜排队，还要主动上缴赞助费。她还经常用一句屡试不爽的话来“打击”小吴：“等你有了小孩，你就知道了！”

这就是李梅的领地反应，只要触及小孩的话题，小吴都是没有发言权的，而李梅则会把控着话语权，因为这是她亲身经历的。

很多人都会捍卫自己擅长的领域，在自己的领域内，如果不是同道中人或是专业技能不如自己的人前来与自己交流领域内的内容，就很容易触发自己高傲或者不屑的情绪，通过这种情绪反应来捍卫自己在领域内的权威。

领地范围的展示

从大的方面来说，看得见、摸得着的领地可以狭义地从地图上一窥究竟。国家与国家、地区与地区之间的地域都是各自的领地范围。人类在进化过程中发明了一个名词——制度，通过一定形式的政治体制和管理方式来进行约定领地的范围。大到一个国家的国土面积，小到一家一户的房屋院落，都是社会体制衍生出来的领地。侵犯这些领地就会引发领地拥有者的反抗，从而引起领地反应。

大的方面暂且不去多说，我们先分析关乎人类本身的领地反应。普通人因为自身的经历不同，所以敏感区域也不同，人们通常会通过自己的身体动作去展示自己的领地范围，手是较为常用的展示工具。比如，夫妻会通过拉手来展示对方是属于自己的，以打消其他同性想来与自己的配偶搭讪的想法；一些公众人物出场的时候都伴随着伸手制止他人前进的动作，这个手部姿势一般通过保安来做出，有的时候明星自己也会做出这个动作，以此来阻止粉丝们或是狗仔队的靠近，这就是在确认领地，同时也明确地表明了领地的范围（可靠近范围）。

生活中，我们还会通过抱紧的臂膀与张肩握拳的姿势来表示他人已经快要触犯自己的领地了。而其他人在看到我们做出这样的动作时，就会适当地保持距离，以防引发不必要的麻烦。

领地反应的心理学应用

小张是一名摄影爱好者，特别喜欢拍不同人的肢体反应。久而久之，小张可以通过拍摄对象的肢体动作来分辨出他的社会地位或性格喜好。这天小张去办事，在乘坐电梯的过程中，小张无聊之余就开始观察其他人的站姿。

他的侧前方站了一个西装革履的青年，穿着打扮十分干练，他双手拘在身前，两腿并拢，站得笔直，显得很有精神。小张在心里暗暗地想：在电梯里还坚持这样标准的站姿，说明这是长久养成的习惯，这个人一定是公司的业务精英，但是他双腿并拢，只占据很小的一部分空间，说明这个人在公司的地位并不会很高。

他又观察正前方的一位正装男子，他也是挺直腰背地站立着，显得十分有气势，他的双腿岔开一段距离，一个人差不多占了第一个青年所占据的两倍空间。小张觉得这个人一定是公司的领导阶层、实权人物，因为地位较高的人在拥挤的时候都会下意识地占据更多的空间，同时也希望保证自己不受侵扰。

后来，果然帮小张办理业务的就是那名双腿并拢的青年。而下楼后，小张又恰巧看到那名占据很大空间的男子正低头钻进司机为其打开的车门里。

小张的判断完全正确，让我们不禁感叹领地反应对人的影响如此之大。生活中，人们经常通过手脚的动作在不经意间建立领地的范围，而细心的人则可以通过观察他人的肢体动作判断出这个人的身份地位。

领地反应的衍生反应

领地反应有时还会衍生出炫耀反应和松弛反应。这里的炫耀不是通常的带有贬义性质的表现，而是一种自身风格的展现，用一个网络词语来形容就是“霸气外漏”，这种特有的气质正是炫耀反应的产物之一。身居高位的男人在走路的时候一般会做出轻微地晃动腰部以上肢体的动作，通过这种动作给人营造出一种迎面走来的是一头洪荒巨兽的感觉。

不同于炫耀时的威风八面，松弛反应是一种在自己领地中的自由自在、轻松惬意、不拘小节的状态，这种完全放松的心态只会出现在自己的领地中。其实在中国古代，我们国家对储君的礼仪训练非常严格，要求储君在走路的时候做到龙骧虎步的效果。这种效果一是使皇帝显得非常自信，让其他下位者产生敬畏之心；二是可以令皇帝养成一种处变不惊的绝对冷静，并且用这种状态来感染手下臣子；三是这种看上去轻松自在的姿势，也表现着“天下之大，莫非王土”的王者气势。

第四节 逃离反应

在观看《动物世界》的时候，细心的朋友可能会观察到一个特殊的现象，那就是当被捕食者发现异常之后会做出一个短暂的停滞（冻结反应），然后在这个反应过程中判断出刺激源的危险程度，如果危及生命，那么被捕食者就会马上做出逃离的反应。这种反应存在于每一种生物的血脉记忆中，人类也是如此。在远古，生物之间相互竞争生存环境、生活资源，人类在整个自然界的竞争环境中是处于劣势的一方。为了延续族群的生存，我们的祖先在遇到不能战胜的敌人时，都会通过逃离来保证自身的安全。生存本能告诉他们，面对不可战胜的敌人时，最应该做的既不是战斗，也不是等待，而是逃跑。

时至今日，人类在生活中已经很难遇到来自其他类型生物的威胁，作为地球主人的我们，不论在生活资源还是族群发展上都具有绝对的优势。也就是说，生活中能够直接引发我们奔走逃命的事情已经不多见了。因此，在人类进入文明社会之后，这种原生态的逃离反应就慢慢地改变了形式。比如，我们受到惊吓的时候马上向后退一步或者半步；触碰到高温物体的时候立马缩手；路过坍塌路面的时候绕得远远地走。如果刺激源被判定存在潜在的威胁，那么我们的边缘系统就会直接操控身体做出逃离反应，以免受到不好的直接影响，或者沾染上一些不必要的是非。这些下意识的逃离反应，会在我们的工作、生活中起到一定的帮助作用。

逃离反应：深深吸气

当刺激源足够强大并且对当事人产生负面刺激的时候，人们马上会产生逃离反应，最先出现的便是吸气的动作。逃离就是逃跑，当我们需要做出这个动作的时候，大脑首先考虑的就是能量问题。人在剧烈运动的时候最需要利用血液里面的氧气和糖分，加速吸气可以给自己储备足够的氧气以供逃跑使用。

我们可以做一下这个实验，当我们调动内心的情绪，在出现惊讶或者恐惧的时候，是不是都伴随一个力度非常大的快速吸气的动作？这种反应是因为在惊讶的时候，大脑还处于对刺激源敌我性质的判定中，需要通过深吸一口气来为接下来的行动做准备。不管接下来判定为极度危险的情况需要我们立刻逃跑，还是判定为让人意外的惊喜事件需要欢呼雀跃，氧气的补给都很重要。

逃离反应：腿部动作与惨白的脸色

逃离反应的第二种动作是腿部的动作，这是必不可少的，我们逃离的时候必须要用到腿。当大脑判定我们需要立刻逃跑来躲避威胁的时候，我们身体的内循环就会做出改变，血液循环会自动将更多的血液运输到腿部，而其他部位会因为血液的抽离产生一些微妙的变化。

面部是最直观的，我们经常用“脸都吓白了”去形容一个人特别惊恐的情态。这其实并不是一个夸张的用词，当一个人处于极度惊恐的状态时脸色惨白是正常的现象。人们体表的皮肤只有面部最柔嫩，上面有着丰富的毛细血管，惨白的脸色就是因为血液输向腿部而造成的。同时这种血液的抽离也会使得我们产生双手冰凉颤抖、心跳加速、大脑缺氧、反应迟钝、言语混乱等行为反应。

当腿部有了充足的血液支撑就会做出一些明显的逃离动作。比如，很多人平时都喜欢跷二郎腿坐着，因为这种坐姿很舒适。如果我们所面临的刺激源的负面威胁慢慢加强，当大脑判定刺激源会对我们产生负面刺激的时候，我们就会马上将双腿收起来、做出一脚在前一脚在后的姿势，而且会将后背脱离椅背，为逃跑做好准备，同时眼睛也会开始观察合适的逃跑路线。刺激再大一些，就会让我们做出用手扶着扶手或者撑着椅子的动作，希望通过这个动作来增加逃跑的速度。

当然在现实生活中通常不会出现让我们产生立刻逃跑的刺激源，一般出现的刺激源的强度都没有那么强，这样就出现了一些逃跑的腿部变形动作。这些动作也属于明显的逃离反应，比如，我们在焦虑的时候跺脚、来回踱步等。

逃离反应中的腿部动作是很重要的，因为这个部位离大脑最远，平日里我们除了走路跑跳之外，想要控制腿部做一些其他动作都需要很大的精力，所以腿部动作也是主体内心情绪的真实反映。

逃离反应：移动身体

我们在产生逃离反应的时候还会有一个明显的身体动作，就是头部或者整个身体远离刺激源，通过这种肢体动作来反馈刺激源所产生的刺激信息。

移动身体的朝向是最为普遍的逃离反应。在多人交流中，如果对他人所讲的问题不感兴趣，我们就可能将身体转向另外一人，以此来逃离上一个人的话题。在路遇朋友时，如果对这位朋友的话题不感兴趣，我们就会将身体朝向要前去的方向，暗示自己要走了，通过这个行为来回避朋友的话题。当刺激信息足够强大，对我们产生生命威胁的时候，逃离反应就会促使身体真正地逃离。

还有一种逃离动作是通过拉开自己的身体与刺激源的距离来实现的。在沟通交流中，若是听到明显和自己意见相左的提议，或者是让自己反感的问题，我们的第一反应就是将上半身向后靠，在潜意识里希望通过拉开的距离来逃离刺激源。这种情况一般出现在沟通交流无法进行下去的时候。有时还会出现一种轻微后仰，并且做出掩饰的逃离动作。比如，有一次你将自己非常喜欢的明星的最近动态讲给一个新同事听，这位新同事微微向后侧了一下身体，然后点头道："这个明星是挺不错的。"如果你不仔细观察这位同事的举动，一定会认为他认同你的看法，但是从这位新同事的肢体动作中，我们明显地感觉到了他的逃离反应。言语上的认同只是社交中的一种手段，这是典型的社交谎言，如果他不说谎，就很有可能因为价值观的不同而导致两人的交流不欢而散。

逃离反应：转移视线

除了这些我们可以观察到的明显的逃离动作之外，其实在生活中还存在着一些隐晦的逃离反应。比如，改变视线的朝向，这也是一种表达自己内心情绪的逃离反应。我们从小到大都会被家长教育在和别人说话或者问好的时候要面向别人、看着对方的眼睛，以显示自身的素养和家教，这同样也是社会交往的一种规则。而很多逃离反应则是通过隐晦的视线转移来满足自己的需求，同时也照顾到这种社交规则。

比如，两个人在交谈的过程中，因为其中一个人话题的无趣性或者问题的攻击性，都会促使另一个人在倾听的过程中将视线转向其他方位、假装观察其他事情，等一会儿之后再转过头来接着听下一段，然后再转开。

再如，当事人被指派去做一件任务，这件任务在当事人没有付出多少精力的情况下就侥幸完成了，那么在接受领导赞扬的时候，当事人一般会让自己的目光从领导充满赞扬和鼓励的目光中逃离，以此来掩饰自己并不充足的底气。而这种眼神的逃离往往会被上级领导误认为是谦虚有礼的表现，其实当事人的内心是惭愧的。在很大程度上，这表现的是主体的一种不希望被他人看穿的心态。相反地，如果这件事情是当事人付出了非常大的牺牲才完成的任务，那么在接受表扬的时候他一定会挺起胸膛，直视领导的双眼，坦然地接受荣誉。

第五节 战斗反应

弱肉强食是自然界的法则，但是法则的制定不能限定弱者对生命的渴望，所以这种行为往往会引起弱者的反抗。当强者企图侵略弱者，弱者不想退场而奋起反抗的时候，战斗也就应运而生了。这种希望通过战斗来解决事情的反应在心理学的范畴内归结为战斗反应。

战斗反应的诱发

引起战斗反应的情绪通常是愤怒，在愤怒情绪不断发酵升级的情况下，最直接的结果就是战斗。不管是在自然界还是在人类社会，能够触发这种反应的因素只有两种：生存、繁衍。

动物界中，侵犯其他动物的领地就是破坏其他动物的生存空间。在面对这种挑衅的时候，“领主”如果不战而逃，就会导致领地归人家等结果。所以，每当出现这种状况，它们只有两个选择——要么战斗，要么死亡。这种选择代代积累，融入每种生物的血脉记忆之中。只要大脑判断到刺激源具备危险，这种战斗反应就可能被激发。

战斗反应的“现代化”

人类的历史甚至可以说是一部战争史，据不完全统计，在有史料记载的人类历史上，一共发生了 14000 次左右的战争，也就是平均每年将近 3 次。这些只是史料记载的著名战斗，人类的战斗花样要远比正式的战争繁杂得多，不论是以生死搏杀为乐趣的古罗马斗兽场，还是现在的拳击，都是战斗反应所引发的直接结果。所以不论战斗形式如何变化，产生战斗反应的人都有这些反应：热血沸腾、目眦欲裂、怒发冲冠、理智消退。

现代社会倡导和平发展，社会制度也禁止杀人和打架斗殴，所以战斗反应在人类社会中产生了很多有趣的变化——变得更加文明了。比如，在我国的封建社会中就有一个特殊的官职——言官，他们官位低微，却能弹劾朝中任何出现问题的人，不论是皇帝还是功勋贵族，都是他们弹劾的对象。于是很多时候他们与所弹劾的大臣在朝堂上相互言语攻击，这就是一种战斗反应的形式。

现代人热衷于体育项目，这也是因为体育比赛就是战斗反应的一种衍生。在体育比赛中，运动员利用更强健的身体和更高级的肢体动作来赢得比赛的胜利，如同打了一场胜仗。而现场观众即便不能亲身参与，也会被燃起极大的热情回应，仿佛获胜的是自己一样。

战斗反应：肢体语言

愤怒是引发战斗反应的最大因素，它和性兴奋是同一级别的情绪，同时愤怒也是所有情绪中需要动用能量最多的一种。这种情绪一旦被唤醒，就需要全身上下所有的肢体肌肉协调统一，为接下来的战斗做好准备。而身体为了能够快速收集能量，会加大呼吸量，加速血液循环，使身体获得充足的氧气储备，这时候我们能明显地感觉到心跳加快、脉搏强劲。所以如果我们产生了愤怒情绪就会很难掩藏，战斗反应也很难作假，假装愤怒的时候就会有很大的破绽，这种情绪非常容易捕捉。

当我们产生愤怒情绪的时候，面部肌肉会僵硬起来，这种由轻松面容到紧张面孔的转变证明了当事人已经对刺激源感到愤怒，而刺激源产生的威胁也会迫使当事人加大关注力度。由于身体开始紧张，颈部肌肉也会绷紧，再加上呼气强度的加大，颈部就会出现明显的大筋和粗壮的血管，整体给人一种脖子变粗了的感觉。当然在开始战斗之后，当事人的脸色就会恢复平静，因为此时更多的血液会用于支援战斗时的肢体活动，而不是上涌到脸部。

在产生战斗反应的时候，我们首先会握紧拳头，绷紧双腿，有的时候手脚还会微微颤抖。而愤怒情绪所引发的颤抖是区别于恐惧情绪的，这种情况下所产生的颤抖并不意味着害怕，而是因为内分泌突然改变，在战斗开始的时候，这种颤抖就会消失。

战斗反应从产生到开始都会伴随着眼神的变化，随着战斗欲望的不断升级，这种眼神的侵略性也就不断地加深。当我们死死地盯着某个人的时候，不仅仅是因为这个人已经激起了我们的战斗欲望，更重要的是要目不转睛地观察对手的反应以便给予对手快速而致命的一击。

在很多心理测试中，当测试者产生愤怒情绪的时候，都会出现寡言少语的状态。这是因为大部分血液都会输送到身体的躯干四肢中，大脑获取的营养和氧气有所降低，所以很多被怒火攻心的人都会出现在一定程度上失去理智的表现和对当前局势的判断能力。同时因为大脑所需养分的缩减，还会导致负责言语的高级脑功能减弱，因此愤怒的人往往很少说话或者不说话，一般都是紧紧地闭起嘴巴。

当测试者在竭力忍住自己的战斗欲望的时候，我们经常能够听到他的嘴里发出“咯咯”的声音。这种声音是对方在咬牙，之所以做出这个动作是因为当事人已经在潜意识里形成了通过牙齿发起进攻消灭敌人的想法。

对人类来说，灵活的双手是得天独厚的工具，我们在产生战斗反应的时候自然也会充分利用这个有效的工具，比如，在愤怒的时候做出很多破坏性的动作。其实这些动作的本质是发泄，因为所处的环境和规则的限制，导致愤怒情绪所引发的战斗反应不能宣泄（主要体现为不能伤害或者过度伤害刺激源），所以会将这种情绪发泄到身边的器物上，通过击打桌子和打砸物品来释放自身的战斗欲望。

生活中还有一些动作带有进攻特性，比如，以手握拳敲击桌面；用手指敲击桌面（轻微的愤怒情绪）；或者是做出挥拳、斩、剁、削的动作；还有腿部做出踢、蹬、踹的动作等。在特定的环境中，这些都是富有战斗欲望的动作，如果对方做出这样的肢体动作，那么他一定产生了战斗反应。

由此可见，根据当事人所处的不同环境和刺激源的程度，在愤怒驱使下的战斗反应一般可以表现为：加快的呼吸速度，紧紧盯住对手的眼神，绷紧的身体，握紧的拳头，面部肌肉僵硬，身躯向前倾斜的状态等。

战斗反应：对峙状态

在现代社会的规则约束之下，很多战斗反应都会慢慢地转变为其他形式。就像孔雀一样，在求偶的时候并不是通过战斗解决问题，只需要打开自己的尾巴，看看谁的实力更强、谁更美丽就可以了。当然人类的心态会复杂一些，这种双方展现实力的行为主要是因为强者想要不战而屈人之兵，弱者则是希望强者看到和自己争斗并没有好的结果，自己是一个“硬骨头”的心态。

在战斗反应的主导下，对峙的双方都会不由自主地挺起胸膛，抬高下巴，挺直脊背，微微向前倾斜身体，好像这样能够使自己更加高大和具备威慑力一样。有些时候对峙双方的手部动作是战斗欲望浓烈程度的最好体现，当对峙的双方都紧握拳头时，那么有可能下一刻就会打起来。如果双方的手臂张开，随着言语不断挥舞臂膀，说明他们的情绪正在不断地升级，但还没有到立刻开战的时刻，再进一步只会升级为彼此推搡。

最有意思的一种手臂姿势是对峙双方看似势同水火、一言不合就要开战，此时他们将手臂叉在腰部，其实这种姿势形态表明了当事人并不希望发生战斗，这种将手臂束缚到身体上的行为，表明他的潜意识里就没有战斗的欲望，只不过是摆个姿势罢了。

战斗反应：挑衅行为

生活中还会有一些小动作也是饱含战斗反应的。比如挑下巴，这就是一种挑衅的动作，这种动作一般是倾向于通过战斗来解决问题的人所做出的，他们希望这个动作能够刺激对方、引起对方的愤怒情绪，然后双方大战一场。

常见的挑衅姿势里面还有手指的动作，比如，向对方比中指或大拇指向下。大家都能理解大拇指向上是赞扬的意思，如果在对峙中先将大拇指向上比向自己，然后再将大拇指向下比向对方，那么这种挑衅的动作就会给对方十分强烈的刺激。

挑衅的动作有很多种，但其行为有一个共性，都是因为当事人觉得自身是处于优势地位或处于很大的优势时（不会是绝对的优势，如果敌我双方处于绝对的优势，那么优势方是不屑于做出这样的动作的），希望通过这种动作来展示彼此之间的差距，同时也便于激怒对手。

第六节 安慰反应

从呱呱坠地开始，我们就在父母的怀抱中尽情地享受最无私的关怀和照顾，受不到一点惊吓，也不知道什么是寒冷和饥饿。虽然那个时候的我们可能没有形成清晰的记忆，但是这种无微不至地被关爱着的感觉已经悄悄地溜进我们的大脑深处。在以后的日子里，每当遇见一些困境和不适的时候，我们都会不自觉地去找寻那种美好舒适的感觉。

心理学研究表明，当人们在面对一些强度不高的刺激源时，我们的边缘系统会通过一些措施来降低这种不适感，这种下意识的身体反应就是安慰反应。这种寻求安慰的行为也透露出主体内心的一些负面情绪，这些负面的刺激源一般来自批评、否定、压力等。安慰反应的种类非常多，我们将有代表性的安慰反应分为以下几类：视觉安慰、听觉安慰、口唇安慰、肌肤安慰以及对他人的安慰行为。

安慰反应：视觉安慰

通过眼睛，我们能够看到这个美丽的大千世界。在现实生活中，我们会慢慢地形成自己的价值体系和好恶观念，并且会拥有一些和大众趋同的爱好，比如，我们都喜欢美女、帅哥，都喜欢美丽的景色、恢宏的景观、漂亮的衣服等。但是还会有很多不相同的喜好，这些喜好是受到每个人不同的人生经历所影响的。当然不管我们喜欢看什么、不喜欢看什么，这个世界的万事万物本身就良莠不齐，是不会被我们所掌控和改变的。心理学家经过研究发现，视觉上传递出舒适和宽慰的感觉，能够使一个人的情绪好转。因此，我们能做的就是看自己喜欢看的，让我们心情愉悦，不喜欢看的就不要去看，免得徒生烦恼。

在前文我们已经提到，瞳孔会根据我们的喜好而发生变化，看见喜欢的东西瞳孔会扩大，看见不喜欢的东西瞳孔会缩小。这就是视觉应激的一种反应。

当产生愧疚、心虚、尴尬等一系列情绪的时候，我们则会将目光移开，不去和刺激源对视。因为直视刺激源会让内心的负面情绪不断积累加深，让自己更难受，而通过这种视觉上的逃离能使自己好受一些。而且这种视觉安慰的逃避并不单单是逃避了事，还要将目光看向能够让自己感到舒适的目标，来使得情绪更加稳定，心理更加舒适。这便是视觉安慰的发生机制——避丑趋美。比如，我们在法庭上能经常看到被尖刻质询的人，他们常常会看向自己的亲人或辩护人，通过视觉安慰给予自己力量。

安慰反应：听觉安慰

视觉可以做到的，听觉也可以做到。不过听觉安慰反应和视觉安慰反应也是有所区别的，视觉安慰反应是通过躲避刺激源来达到安慰的效果，听觉安慰反应更多的是有意识地去接近良性刺激来缓解自己的负面情绪。如果有人感觉到内心情绪不适或者有所压抑，往往会通过轻声哼歌或者大声唱歌来排解这种情绪，从而达到调节呼吸频率、缓解情绪、改善心情的目的，这种行为就是听觉安慰。

年轻人在心情不佳的时候总会约上几个好友去KTV或者酒吧发泄情绪，这种做法往往非常有效。这不仅和我们与朋友在一起的愉快氛围以及朋友的开导有关，还和美妙的音乐有关。声音是个奇妙的事物，不仅能表达情感，还能配合特殊的音符来带动人们的情绪，从而改变人们的精神状态。比如，强烈而劲爆的音乐能够刺激大脑神经，使我们兴奋起来。当一个人兴奋的时候，就会通过肢体动作或者言语行为进行发泄，这样就能很好地缓解我们压抑的精神状态。

安慰反应：口唇安慰

科学研究证明，人还在婴儿时期就需要不断地对其进行口唇刺激，通过这样的方法能够使婴儿形成乐观积极的性格。这主要是因为3岁以下的孩子主要通过吮吸、咬、咀嚼、吞咽来获取能量和满足自身需求，这种口唇的动作是获取快乐的最大来源。

心理学中有一个名词叫“口唇期退行”，它的意思就是：因为口唇反应在婴孩时代的重要作用，以至于这种反应深深地留存在我们的大脑中，所以即便是在成人身上也会出现很多婴儿时期的口唇动作，这些退回到早期发育的肢体反应就被称为“口唇期退行”。

比如，我们在感到有压力的时候，可能会通过咬笔杆、咬手指、吃东西等行为来缓解压力，这些行为能够给我们带来精神安慰，让大脑放松下来；我们在紧张的情绪下会出现血液流动加快，这会导致水分加速流失，引起一种口渴的感觉，这时候我们会下意识地做出咬嘴唇、舔嘴角、抿嘴唇的动作，希望通过这些动作来缓解内心情绪。

在刘德华主演的电影《瘦身男女》里面就有通过吃饭来缓解情绪的片段。事实上我们在内心情绪不稳定或是负面情绪淤积的时候，通过大吃一顿来缓解情绪常常是有效果的。这是因为人类长期的进化使得大脑神经对吃这个动作特别偏爱，每当做出这个动作，大脑神经就会产生一定的满足感，甚至现在有些领域提出了进食特定食谱来缓解特定情绪的方案。

口唇的安慰效应有三个动作比较重要，即磨牙、咀嚼、吞咽。

磨牙这个动作在愤怒的时候可以表达威胁的情绪，但是如果在焦虑的时候，那么我们潜意识里则是希望通过磨牙这个动作来告诉自己马上就有食物吃了，来缓解自己的负面情绪。

在生活中，有很多人都喜欢咀嚼一些东西，如槟榔或者口香糖。每个人在咀嚼这些东西的时候一般都有自己的节奏和频率，甚至有些人将这种动作固化成一种习惯。正在咀嚼食物的当事人受到刺激的时候，首先会因冻结反应而停下动作，如果这个刺激是一些轻微的负面刺激，那么主体就会产生一些焦虑、担忧的情绪。这个时候我们可以观察到他的咀嚼频率会明显加快，或者出现加大咀嚼力度的动作。这些快速的咀嚼动作或者大力的咀嚼动作区别于正常状态下的咀嚼动作，之所以产生这样的差别，是因为当事人希望通过这样的动作来安慰自己的不安情绪。

吞咽的动作不是指我们吞咽食物，而是指我们在口中空空如也的情况下做出吞咽的动作。我们不妨自己做一下实验，当我们口中没有食物时，想要做出吞咽的动作是非常难的，如果你轻松做到了，那么你一定吞咽了口水。当我们受到刺激源的刺激之时，通常会通过吞咽口水的动作来获取安慰，并用这个动作来暗示自己的大脑“我已经吃到了食物”，以此来缓解我们紧张的大脑神经。

安慰反应：肌肤安慰

皮肤是身体表面的组织，是人体面积最大的器官，它具有保护身体和感知外界因素以及排汗的功能。不论是人还是动物的皮肤，在适宜的温度下都会感到舒服，一些温柔的触摸和抚摸也会让我们产生舒缓的安全感。比如，我们温柔地抚摸小猫和小狗，它们都会眯起眼睛好好地享受，小猫还会发出“咕噜咕噜”的声音表示自己很舒服。

常见的肌肤安慰反应一般出现在头部、脸部、颈部，比如，轻抚额头、挠头、揉鼻子、摸耳朵、摸脖子、摸下巴等。这些动作是不经过高级脑功能操控的，是我们的边缘系统直接操控肢体做出的本能动作。

人们之所以会通过抚摸皮肤来缓解神经系统受到的负面刺激，是因为在医学研究中，神经组织和皮肤组织共同来源于外胚层，也就是说，这两者是同源的。大量证据显示，人类糟糕的心情会影响皮肤的健康，不同程度的负面刺激会引起人们的应激反应，甚至导致内分泌失调。比如，心比天高、好勇斗狠、做事死板认真的人容易患上神经性皮炎，长期压抑自身性格或者欲望得不到发泄的人容易患上慢性荨麻疹。也就是说，心情不好，皮肤变糙，心情好了，皮肤也好了。所以在大脑被刺激源所产生的刺激信息影响到的时候，它都会做出一些指挥身体其他部位触摸皮肤的安慰性动作，希望通过这些动作能够有效地缓解神经系统所受到的负面刺激。尤其是头脸、颈部皮肤上的神经系统很多，毛细血管和身体穴位分布密集，通过触摸这些部位所产生的安慰效果最明显。

人的身体还有一个皮肤非常敏感的部位就是手部，这个部位的神经末梢非常发达，同时手部很灵巧，能够做出各种各样的动作。所以在我们出现紧张或者焦虑的情绪时，通常都会伴有一个明显的手部动作——双手相互摩挲。其他常见的手部皮肤安慰动作还有食指和拇指的摩擦、抚摸手背、抠手指、玩手指等，在人们遇到困难或者感到焦虑的时候，都会通过这些手部的小动作来缓解自己的情绪。

我们的身体上还有一些重要部位也会出现这种安慰反应，如心口、腹部等。因为这些部位内部有十分脆弱的器官，抚摸它们有一种施加保护的意味，所以我们通过抚摸这些部位也可以有效地缓解大脑紧张的情绪反应。比如，当我们受到惊吓之后，会通过拍胸口来缓解情绪；在病痛的时候，会通过抚摸腹部来让身体感到舒适。

因为皮肤覆盖性强，所以在现代社会中我们还产生了很多皮肤的衍生性安慰动作，比如，抚摸锁骨、调整领口或者领带、抓住领口扇动空气。有学者对女性的衍生动作进行了研究，发现女性一般会通过抚摸耳钉、耳坠、项链、撩头发或者把玩发梢等动作来分散注意力，让自己的身体产生舒适感，通过这种感觉让整个人的精神得到安抚、放松。

此外，人类既然是群体性动物，只会在自身实践安慰反应、遇到情况仅仅去安慰自己是不行的。我们还需要做出一些安慰他人的动作，这种动作也是增进彼此关系的必要动作。比如，我们和长者或者领导握手的时候，激动之下可能会产生一定的颤抖，这时候长者就会一边握手一边用另一只手轻拍我们的手背来为我们传达善意和鼓励。

第七节　胜败反应

我们都知道，胜和败是战斗过后的直接结果，一方获胜，一方就必然失败，不会出现双方都获胜的情况。也就是说，战斗的结果有两个部分，分别属于胜利者和失败者，使得胜利者和失败者产生不同的生理和肢体的反应，这种反应在心理学研究中被称为胜败反应。

古人常说："胜败乃兵家常事。"这句话的出现一般在两种语境：一种是在没有战斗的时候说给弱势一方或者是心中担忧失败的一方，希望通过这句话来缓解其心中的担忧和紧张，以便在即将到来的战斗中发挥出十足的战斗力，取得想要的结果。另一种是在战斗结束后说给已经失败的一方，希望能够通过这句话让失败者重拾信心，不至于从此一蹶不振。

但是有战斗就有结果，胜利者和失败者的心情是不一样的，这会直接影响双方的神经系统，从而产生不同的身体反应。对于个体反应研究来说，胜败不能以常事来衡量，胜利方和失败方所做出的不同的肢体动作就是我们要详细解读分辨的。

反重力动作与胜败反应的联系

在开始分析胜败反应之前，不得不先讲一下重力。这种力量是由地心发起的吸引力，地球上所有的物体都因为这种吸引力的存在而不会飘离地面，这种力也是地球上的生物能够在地球上生存的最基本的条件之一。

但是我们在生活中也需要对抗重力，这种对抗行为体现在生活中的方方面面，不论是站、走、奔、跳，还是拿器物、抛东西，但凡是需要向上的、与重力作用相反的运动都需要付出大于重力的力量才能做到。就算是我们能轻易做出一些面部表情也是通过对抗重力来实现的，只不过所需的力量很小，不易被我们发现。

人类在对抗重力的时候，需要调动两个部分的能量，第一部分是精神方面的能量，就像是指挥官；第二部分是身体的能量，就像是士兵。我们的精神活跃系数越高，那么我们就能调动更多的身体能量，也就能做出更多的反抗重力的动作；相反地，我们的精神活跃系数越低，所能调动的身体能量就越少，做出的反抗重力的身体动作也就越少。

也就是说，如果我们要做出反抗重力的动作，首先，需要我们的神经系统主观加以操控，只有神经系统产生反抗重力的念头，才会使身体做出相应的肢体动作。其次，只凭借我们的大脑意识不能让我们做出反抗重力的动作，要做出什么程度的反抗重力的动作就需要我们付出相应的身体能量。

举个例子来说，如果我们想跳起来，那么我们就要先“想”跳，然后付出足够多的、可以使自己跳起来的能量。如果动力不足或是能量不足，比如，我们的精神十分疲惫或身体非常虚弱，那我们便不会去做或者是做不出跳起来这样的反抗重力的动作。

综上所述，将反抗重力的动作的完成度与胜败反应联系起来，我们可以看到，当我们具备充足的能量，并且兴奋、开心、惊喜的时候，神经系统会无比活跃，就可以调动我们的身体能量做出跑、跳等和心情相应的行为动作。但是当我们能量不足，并且感到失落、伤心的时候，可能连动一下手指头的欲望都不会有吧，更不要说做一些剧烈的运动了（除非是必要的发泄型动作）。

胜败反应：战胜方

我们付出了很大精力和资源去准备一场战斗，在战斗结束后，战胜方会产生抑制不住的喜悦之情。即便赢得非常轻松，胜利的一方也会觉得心情舒畅，如果是势均力敌，险胜对方，那么这种情绪就会上升为惊喜。同时，胜利所带来的奖励或资源、荣誉，还会促使胜利方产生一些衍生情绪，如炫耀和放松（这里的炫耀不含贬义成分）。这些正面的、积极的刺激会直观地影响神经系统，使神经系统产生不同程度的兴奋状态。

在兴奋的神经系统的主导下，我们会做出一些不同于平常的肢体动作来加以庆祝。即便是双方鏖战不休，即使是赢的一方也耗干了身体所有的能量，在胜利过后，我们也会发自内心地笑出来，不要小看微微翘起的嘴角，这个动作也是反抗重力的动作。

除了最直接的微笑之外，胜利者还会做出哪些肢体动作呢？这些带有胜利性质的动作在体育赛场上是最常见到的，比如，每四年一度的足球世界杯，如果哪一位球员在关键时刻踢出决胜的一脚，进球之后，球员们都会通过奔跑大呼、高举双手来发泄心中的胜利喜悦。这个时候不论是坐在观众席，还是坐在电视机前观看的球迷，都会马上一跃而起，振臂高呼，好像刚刚进球的人是自己一样。这也说明了胜利的喜悦是很容易感染他人的。

如果是两个人相互协作的比赛，还会看到他们做出同时举起双手、相互击掌的动作，比如，美职篮（NBA）赛场上会看到双方同时跃起以胸部互撞的动作。拳击赛场上则是经常看到胜利者振臂高呼，绕场而行，有些体力消耗不是很严重的人还会做出后空翻或者打一套拳之类的动作。而跑步、跳远等类型的运动项目，胜利方都会伸出手臂挥手致意。大家都知道奖台是设在高处的，这是因为站在这里更加醒目，能够被更多的人看到，所以很多时候胜利方也会向高处跑去，用来获取更多人的关注。这些振臂、跳跃等动作都是典型的反抗重力的动作。

胜败反应：失败方

相反地，因为投入了同样多，甚至超出胜利者的时间和资源来准备战斗的失败方，面对失败，整个人的精神意志都会低迷颓废起来，甚至会产生“对方不可战胜”的念头，也就会衍生出悲伤、担忧、恐惧的负面情绪。有些时候还会因为害怕失败所带来的种种负面效果，而在这些情绪的主导下令神经系统进入压抑的状态，然后控制身体做出一些肢体动作。

失败方失去的不仅仅是面子，更重要的是利益和资源的损失，同时还有战斗前的准备以及战斗过程中所损失的能量。战斗失败后，之前对战斗器官能量的输送也会停止。能量的失去会导致一些明显的身体变化，令失败方呈现出一种颓废、精神低落的形象。

此时，失败方通常都会眼睛失去光彩，整个身体呈现出向下跌落的态势。有些失败者甚至会跪伏在地，或是双手覆面仰躺在地，或是低着头坐在地上，又或是蹲在地上。本来站着的人也会因为情绪和能量的缺失使得整个身体出现收缩向下的趋势，甚至呼吸都会变得微弱，大脑反应也随之迟钝起来。

刚刚从师范学校本科毕业的小陈现在就职于本地的一家中学，可能是刚刚从事这份工作不太熟悉的原因，她每天都要忙到很晚，有的时候直到深夜还在书案前备课，因此她白天总是异常疲惫，整个人的状态一直不好。

后来家人希望她去参加省会城市的教师公开招聘考试，她毫不犹豫地辞掉了工作，回家备考。结果那段时间她却没办法坚持学习，资料往往是翻了两页就被丢在一边。就这样一直在家待了小半年，直到考试的那一天，她才发现自己脑袋空空，自然也就没有考上。

小陈很受打击，后来她又准备了公务员考试和其他职位考试，可是仍然名落孙山。

最后，她还是在家人的帮助下去了一家事业单位工作，整日里浑浑噩噩，不知道目标所在。再加上她饱受挫折，总觉得单位里面的人对她不是很友好，所以她平时对领导、同事都没有什么好脸色。上班就坐在位子上低头做自己的事情，从来不参加集体活动。

小陈之所以出现这种情况主要是由于失败者的心态造成的，战败的人很容易降低对自我的认知，神经系统也开始触发对自我的保护，于是一直维持这种“我是弱者，我什么都做不好”的心态。一个人如果长期遇到挫败、失败的状况，那么很可能会形成自我压抑，从而影响到自身平时的一些肢体形象。比如，这样的人一般总是低着头，身姿也不够挺拔，肢体动作放不开，整个人显得十分拘谨，就连观察别人的时候都会低着头翻着眼睛看，性格也会开始变得多疑，充满精神幻想。

其实在正常的工作和竞赛中，我们还是要尽可能地做到“胜不骄，败不馁”，我们胜利或者失败后可以发泄情绪，通过各种方式、各种渠道将心中的情绪传递出去。但是在事情过后，还是要尽力正视自身，只有这样才能做到“胜者长胜，败者勇追”。

第八节　爱恨反应

爱恨反应，是人际交往中心理变化的两个极端性反应，但是又因为两者之间有着极大的关联，所以它们是可以相互转换的。在武侠小说中，我们最常看到的就是一些由爱生恨或是由恨生爱的经典桥段。事实上，在现实生活中，这种感情因素的转换也是非常常见的，毕竟艺术来源于生活。

爱情因何而来？

我们为什么会创造“爱情”这个很难解释的词语呢？这是因为爱情在人类身上是很微妙的，几乎没有办法用一个标准和规矩去加以衡量。但是如果我们把爱情这个蕴意丰富的词汇淡化，去寻找引起这个词汇的本质性因素，那就要追溯到人类尚在进化历程中的年代了。

人类和其他动物一样，最根本的两种欲望就是生存和繁衍。但是在古代，人类的数量并不是特别多，那时候孩子的流产和夭折都是非常普遍的事情。因此，为了更好地繁衍后代、延续种族，男女之间的结合秉承着优胜劣汰的原则。

在动物界中，雄性动物身体强壮证明它有能力保护雌性，可以在一定程度上延续这种强壮的基因。对于人类男性来说，拥有一个线条流畅、肌肉匀称的身体，至少说明这个人身体很健康，有着良好的生活习惯，侧面上也可以给女性带来安全感。匀称的肌肉、五官以及健康的身体都是人们对爱情对象的选择。

也就是说，对异性身体外貌的选择，是源自人类对优质基因和繁衍能力的期待，换言之，爱情的本源就是对繁衍的需求。这是人的本能反应，是偏向于动物性的需求。

爱情的个体反应：害羞的表情和行为

人类在产生爱情的时候会出现一些特殊的身体反应。比如，我们经常看到的羞涩反应，这种反应一般会出现在涉世未深的少男或少女身上，年岁越长的人越少出现这种反应。当然这不是说年岁长的人脸皮厚了，就不会产生这种情绪，而是因为他们有很强的自我认知能力，能做的事情就去做，不能做的事情就不做，很少去触碰这些会让他们感到羞涩的事情。

羞涩代表着两个含义：“羞”其实是一种因为不自信而产生的带有担忧性质的情绪；“涩”主要是生涩、滞涩、不灵便、不自然的意思。导致这种情绪产生的最根本因素是个体的自我认知程度不足。人们在没有足够阅历的时候，对自己的认知度很低，而这种较低的自我认知度会产生一种希望被他人认可又害怕不被他人认可的情绪，这种情绪就是害羞。

害羞的时候，我们的脸色会发红，这是因为害羞这种情绪带有担忧的成分，人在担忧的时候，血液会在脑神经的控制下向头部集中，这种无差别的输送方式自然会使得面部充血。再加上面部毛细血管众多，面部表皮很薄，所以脸色才会异于平常。

正常情况下，大脑接收到充足的营养和氧气，自身的反应速度和灵敏程度应该更快更好，但是在羞涩的时候恰恰相反，整个人反而呈现出一种生涩的境况。其实这是由两方面因素造成的：一是大脑所具备的逻辑、思维、推理判断的功能在情绪剧烈波动的时候是难以发挥作用的，因为所有这些功能都建立在生存和繁衍的基础之上。边缘系统负责驱动情绪，向边缘系统输送的血液越多，我们的情绪就会越激动，在这种状态下，大脑就越难做出良好的判断，当没有了大脑的明确指令，我们的肢体动作就会显得生硬且节拍凌乱，会出现很多无意义的动作。二是人在害羞的时候，总是把精力放在担忧自己能否赢得对方的喜爱，或是对方能够喜爱自己到什么程度，越是思考越是难以做出正确的判断，反而乱了心绪、乱了方阵。

害羞的人非常渴望被他人关注、认同，害怕被他人否认。在这种矛盾心理的影响之下，就会产生一些特殊的心态——尽量减少自己的受关注度。这时，当事人一般会做出低头、躲避对方眼神等动作，甚至想偷偷看对方一眼的时候也需要鼓足勇气才能抬起头，因为他害怕碰巧与对方四目相对。

爱情的个体反应：距离与亲密度

有没有朋友认真分析过“丈夫”这个词汇的含义呢？“夫”自然是夫君的意思，而“丈”字有两层含义：第一层是身高，在古代我国部落间都有抢亲的习俗，只有身高达到一丈（古代一丈就是七尺）的男子才有可能抵御他人抢亲；第二层则是为了防范抢亲这种行为，就将男女两人关在一起磨合一段时间，以便培养夫妻感情，而且规定不论男子做什么都不能离开妻子一丈的距离，以便随时保护妻子，不被他人抢走。

也就是说，两人的亲密程度不同会产生不同的身体距离。我们根据现代社会沟通交流中人与人之间的距离远近，将彼此间的关系分为四种：第一种是公众距离，这种距离都是出现在彼此不熟悉的人之间，一般为 3 米到 7 米；第二种是社交距离，一般为 1 米到 3 米；第三种是私人距离，一般为 45 厘米到 1 米；第四种是亲密接触，一般距离在 45 厘米之内。

研究结果表示，如果我们允许某人或者十分愿意某人接近自己，说明在心里我们是亲近这个人的。情侣间拉手、拥抱、接吻都是这种亲密心理的直观表现。在生活中，我们恋爱关系的升级大多是从拉手开始的，进而是腿和脚的接触。如果男女之间关系较为亲密，那么做一些亲密动作就会很自然，如果关系并没有那么亲密，做这些动作就会显得很僵硬。

在现实生活中，我们可以通过男女间距离的远近来判断彼此间的关系是否亲密。比如，女方坐在吧台，男方走过来、挨着女方坐下，女方并没有什么排斥的反应，我们就可以认为他们之间的关系是可以彼此接触的。如果做出了一些触碰对方敏感部位的动作（靠在一起、头碰头、抓对方的手），对方也没有明显排斥，那么就可以判定双方是情侣关系。反之，如果有一方（一般为男方）做出一些触碰对方的举动，另一方要么做出躲闪的逃离反应，要么会因为不知所措而使身体保持僵硬状态，双方的距离始终无法接近，那么就可以判定双方之间的关系不够亲密，甚至是带有厌恶和排斥心理的。

用生活中夫妻吵架这件事来分析爱恨反应更为形象恰当。夫妻或情侣之间的大多数争吵都是生活的必经过程，很快双方便会和好如初。有些积极的人还会主动缓和矛盾，在适当的时候表示友好，但是如果把握不好这个时机，在对方情绪依然十分激动的时候去主动示好，则很容易出现“热脸贴上冷屁股”的状况。不仅起不到床头打架床尾和的作用，甚至会适得其反。那么，如何判定对方的情绪是否缓和了呢？只需要仔细观察对方允许我们接触的距离就好了。比如，两人吵架之后，老公想要主动示好，就可以先去老婆身边晃悠，如果对方允许你在她身边晃悠，就说明对方的情绪已经缓和；如果对方看见你过来就走开了，则说明你需要再等一个合适的时机。

怨恨的起因与反应

相对于爱来说，恨是一种更为极端的心理反应，但是一个“恨”字还只是比较笼统地形容这种关系。我们通过分析由爱生恨的几种原因和表现，可以更加清楚、全面地理解爱恨反应。

当一个人喜欢另一个人时，他会非常迫切地希望对方也喜欢自己。如果对方因为一些原因否定了自己，有理智的人会通过自我反省去改进自身。但是如果情绪失控，那么这种喜欢就会转化为愤怒，以至于忽视自身的缺陷，选择去仇视对方。这种仇视可能是带有攻击性的，比如，被拒绝否定之后开始说对方的坏话、诋毁对方，以此来获得心理平衡；这种仇视也可能是压抑的，比如，被拒绝否定之后备受打击，产生一种无力感和怨妇心理，不能拿出实际行动，只能默默地诅咒对方。在这种由爱转恨的过程中，被否定方的肢体动作是不明显的，因为无论如何，对于自己所爱的人，还是有爱的因素在里面，只能通过怨恨的语气和眼神再结合面部表情来判断。

愤怒的怨恨是两个人之间的事情，而三个人之间的爱情则会引发嫉妒的怨恨。被心爱的人否定，其实很多人都能够接受，毕竟彼此的生活和经历有很大差异，但是如果否定你的人立马转身就有了新欢，这种否定才是最可怕的。为什么自己喜欢的人会喜欢别人？为什么不喜欢自己？自己哪里差了？这种自认为受到不公平待遇的执念会引发对第三者的妒忌，这种嫉妒目标明显，心性偏激的人甚至会做出一些攻击性的事情，比如，造谣生事、挑拨离间，以此来损伤第三者在自己爱人心中的形象。还有一些人采取暴力的肢体动作来发泄恨意，这种行为十分好判断，比如，现在经常被报道的“××当街暴打小三”的新闻。

这种被自己、自己的爱人以及自己爱人的新欢所施加的三重否定还会引起更加可怕的情绪，甚至让人失去理智，做出极端行为，活脱脱一副“我得不到的东西，别人也别想得到”的恶人形象。在金庸先生的笔下就有这样一位由爱生恨的人物——赤练仙子李莫愁，品貌出众的李莫愁在被陆展元抛弃之后，整个人性情大变，甚至开始通过杀人来发泄自己的情绪，她一直到死都被这种愤怒的怨恨折磨着，这样的一生是很悲惨的。总之，这种怨恨一切不爱自己、伤害自己的人的情绪一旦被引爆，后果都很严重。

第九节　仰视反应

有的人喜欢追星，不论是歌星还是影星；有的人则崇拜大自然的鬼斧神工，沉醉于瑰丽神奇的地理地貌；有的人崇拜科学，认为科学是解释一切的根源。那么，是什么原因让我们崇拜他（它）们呢？其实可以简单地解释为：小对大的崇拜，少对多的向往，低对高的仰视。

仰视反应的产生

人类在进化初始就开始崇拜身形庞大的生物。在生物界中，即便是同样的一种动物，大体型的动物所具备的攻击力也远远超过小体型的动物，令族群引以为傲；对人类自身而言，身高体壮的族人可以狩猎更大的动物，能够为族群提供更多的食物，令其他人尊敬佩服；在自然界中，一些天险、宏伟山峰、奔涌江海等自然景观，散发着瑰丽雄奇的魅力，令人心灵震撼。在人类尚且懵懂无知的情况下，这种种因素组合到一起，便引起了人们最初对大的和高的事物的仰慕与向往。

这种仰视和敬服的心态随着文明的出现进一步充斥在我们生活的各个方面。在宗教里面，高大的雕塑和殿堂是典型的标志，而具有领导和象征意义的建筑也被建得非常高大宏伟，如现存的乐山大佛和龙门石窟，普通民众必须“仰视方可观其全貌”，如此一来怎么能不令我们心生敬畏呢？这些刻意“夸大”的行为都是试图通过这种巨大的高度落差来使普通民众心生崇拜。久而久之，便造成了人们认为高大的事物值得自己敬畏，甚至在潜意识里将自己敬畏的人和高大形象挂钩。

虽然大的、高的、多的事物更能激发我们的仰慕心理，但并非绝对。在现实生活中，我们彼此间的身高都相差不远，那么是什么因素使得人类产生仰视他人、敬佩他人、服从他人的现象呢？其实这是因为人类潜意识里将高大至上的原则具体到某个人身上，那么在你的眼里这个人就具备了高大至上的光环。

仰视反应：自我提升高度

每个人都会从自己身上找到一个闪光点，或者是自己认为的比别人优秀的地方，通过这种方法来实现自身的心理健康。当我们认同自己，同时被外界认同，甚至超出自己的认同程度时，在仰视反应的影响下，引发主体自身满意或者傲慢的情绪。傲慢是一种认为自身超越他人的心态，这种超越体现在多个方面，比如，现实生活中的财富、知识、能力、强壮的体魄等。这种认为自己超过他人的心理就会引发傲慢的心态，这种心态也会促使当事人产生一些自我提升高度的傲慢反应。

傲慢只有两种肢体反应：一种是抬高头，抬高下巴；另一种是上眼睑往往会遮盖半个眼球。

当一个人有了傲慢的情绪之后，他常常不会满足于既有的优越感，除了拥有名贵的首饰服装、安逸轻松的生活之外，他还要从肢体上超过别人。这时候，主体通常会高高地抬起头颅，让下巴翘起来，以提升自我高度，好像别人只能看到自己的下巴，给自己一种真的高大起来的感觉。下巴此时具备指向性的功能，体现着一种轻蔑和高傲。这种动作很多时候都是发自一种自上而下的命令心态，因为这个动作不仅节省力气，还可以给人一种强烈的掌控感，同时也表达了自己对于他人的轻视和不屑。

有些时候，我们甚至会做出侧着脸庞、抬头、抬下巴的动作，通过这种不面向对方的行为方式着重强调自身的蔑视情绪，而且这种反应的刺激程度是非常大的。但在生活中，这种非常有刺激性的傲慢动作是不经常出现在领导和长辈身上的。

在日常生活中很少会出现非常完整的傲慢的肢体反应，这是因为下巴的抬高会使我们看东西的时候有些吃力。所以就会产生第二种反应，用上眼睑遮盖半个眼球的方法来营造出一种居高临下俯视他人的形象。

仰视反应：自我降低高度

如果抬头代表的是自我提升高度，那么低头则代表着自我降低高度，希望通过这种身体反应来向对方传达一种服从、礼貌、谦逊的感觉。

在工作中，人们通常会通过低头来表示服从，这个时候我们会做出低下头颅、保持脊背挺立的动作。这种挺直的脊背代表着两种情况，如果对方发布的命令是正确的，那么挺直的脊背可以认为是认同服从，如果所发布的指令是错误的，那么这种挺直的脊背就是屈服。

和挺直脊背低头的动作不同的是弯腰低头的动作，这种弯曲自己的脊柱使自己的身体重心向下偏移的动作代表着当事人完全地服从对方，认同彼此之间的身份差异。在古代最能代表这个状态的动作就是磕头，从挺直脊背的站立姿势转换到弯腰低头的动作，说明当事人的内心已经认同了这种差距，即便是不认同也没有能力反抗，是完全的屈服。当然，在社会中出现的刻意弯腰低头的动作不在本书分析之列，如鞠躬，这是人们通过刻意训练做出的礼仪性动作，未必是心之所向。

因为仰视反应而降低自我高度的行为可以说是发展到了生活的方方面面。比如，人们和身份高的人一起走路往往会慢走半步，步伐的幅度和迈步的频率都会出现明显的压抑和控制，以此显示彼此的差异。这些动作的根源都是基于仰视反应所衍生出的服从意识。再如，在酒桌上，双方需要喝酒碰杯的时候，身份低的人往往会用自己的杯口和身份高的人的杯子的中下部位碰一下。通常情况下，身份高的人都会坦然接受，还觉得和自己碰杯的人很有礼貌。当然，我们有的时候还会看到因为双方的谦让，都要做出自己的杯口比别人低的动作，通常都是地位高的人谦让两下，然后接受对方的杯口低于自己的杯口。如果双方身份差距不大，那么可能会彼此谦让个没完没了。

第六章

双手的动作

我们的手指可以做出很多灵巧的动作，同时它们还可以相互配合组合出一些带有特殊含义的动作，这些动作可以分为两大类：一类是遗传性动作，这是在进化过程中形成的；另一类是社会文化性动作，这类动作是后天学习和社会环境所赋予特殊含义的动作。

第一节　握手的奥妙

在现今社会中，握手已经成为大众礼仪的一种，普遍出现在社交场所和职场中，大家在见面的时候都会做出握手这个动作。

这个动作看似非常简单，但是蕴含着很多含义，不同的握手动作影射着不同的内心情绪。因此，在现实生活的交际圈中，彼此陌生的双方认识之后，第一次肢体接触通常是握手，这种希望从握手的动作来探知对方内心情绪的想法，已经被人们有意识地附加到了握手的动作上。

不同握手动作所代表的不同心理

不同的握手动作代表着不同的心理，以及双方想要传递出来的意思。

我们最常见的握手方式是双方同时将右手伸到中间，掌心贴掌心，虎口对虎口，力度和时间都保持一个恰好的尺度，以此来传达双方平等、信任、合作、共赢的意愿。这种握手的肢体动作表示双方已经达成共识，谈妥了合作的细节和条件，然后通过这个动作来加强彼此合作的信念。

如果非常欢迎对方的到来，那么我们会做出这样的握手动作：身体微微前倾，伸出双手握住对方的手，这种握手方式在很多场合非常常见。当我们伸出双手握住对方的手时，对方紧接着也会伸出另外一只手握住我们的手，这样使得双方都感到非常温暖和受尊敬。

但是如果在握手的时候，一方伸出双手握住另一方的手，同时上身向前弯曲，而另一方则没有用另一只手来回应对方，那么我们就可以肯定只伸一只手的那位在身份上一定是超出伸出双手的这一位的。

如果握手的一方将右手向前伸出的距离过长，那么这种握手的姿势则传递出这一方非常强势或热情的信息，这种握手方式很容易给另一方带来一种对方积极主动的感觉。

如果在握手的时候一方将对方的手压在自己的手的下方，而不是左右平行的关系，说明做出下压动作的这一方的心中有着非常强烈的优越感和控制欲，这种握手姿势会给对方传递出非常强烈的压迫感。如果我们属于被压迫方，那么就可以根据另一方这样的握手方式判断出他是独断专行的人，在与这种人合作的时候，他很少顾及他人的想法，所以一定要小心谨慎。

如果在进行正常的握手动作时，其中一方将握在一起的手向下压，并且加大握手力度，那么这种握手方式会给对方传递出一种很强的挫败感。我们也可以根据这种握手方式判断出对方是一个进攻性强、控制欲强、做事张扬、别有用心的人。这种握手方式不够友好，甚至是不怀好意的，在遇到这种握手方式的时候，我们可以通过将这种握手方式转变为正常的握手方式的方法来还击对方。

如果握手双方中的一方将另一方的手臂向自己的方向轻微拉动，那么说明拉动方是希望得到帮助或者表示拉拢的意思。如果拉动方是地位低的一方，说明他希望得到地位高的人的帮助；如果说拉动方是地位高的一方，那么说明他想拉拢地位低的人。如果拉动方是一位男士，另一方是一位女士，则说明这位男士中意那位女士，希望能够与女士做进一步接触。

如果在握手的时候，我们将自己的右手轻轻地托着对方的右手，同时将自己的左手覆盖在对方的右手上，这是在向对方传递出安慰的信号，对方也会在这种握手的氛围中缓解自己的情绪。一般做出这种握手姿势的人都是另一方亲近的人，如果当事人受到的打击过大，那么很可能会被这种安慰的手势引起情绪的发泄，如倾诉或者哭泣，以此来缓解内心的压抑。

在商业谈判中有一种握手情况，一方用手只握住另一方的部分手指，这种情况需要从两个方面去分析：第一，可能握手的一方不想和对方握手，但是对方已经伸出手掌，那么只好握一下对方的手指应付一下；第二，主动伸手的一方只是出于礼节性的动作，并不想和对方握手，这时候象征性地握一下，既显得自己有礼貌，又不用和对方有过多的接触。其实这样的握手方式很容易被对方察觉到自己的想法，往往会弄巧成拙。当然男士握女士手的方式是不在此讨论范围的。

在握手的过程中，如果其中一方将另一方所有的手指握在手中，那么做出这个动作的人大多有很强的控制欲，做事独断专行，一般不会考虑别人的感受。如果是男士握女士，说明这位男士通常有非常强的大男子主义和控制欲。

当我们与一些多年不见的老友相逢时，会做出一个很独特的握手方式：双方会首先握着对方的小臂，情绪激动的时候手劲儿会很大，等情绪略微平静一些后，才会让手从彼此的手臂向下滑，最后双手相握。这种握手方式是很少见的，做出这种肢体动作，足以证明当事人激动的心情。我们中国有个词语为“把臂之交”，它非常生动地形容了这种久别重逢的激动和他们之间的亲密关系。

商业谈判中还会出现一些特殊的握手方式，比如，一方抓着另一方的手腕，或者一只手握着对方的手，另一只手抓着对方的小臂，甚至是抓着对方的手肘，有些极度夸张的人还会抓着对方的肩膀。做出这些动作的人一般控制欲非常强，从抓手腕到抓肩膀，控制欲依次递升。抓肩膀的时候，控制欲最为强烈，这种合作伙伴只求成功地达成自己的目的，他的合作伙伴所受到的损失是不被其考虑在内的。

当双方的合作取得一定成果时，我们还会做出双掌相击的动作，或者是双方双手向上抬起到肩部的高度，然后握住，使得整体形成“W”的姿势。这种姿势都是在庆祝来之不易的胜利，传递获胜的喜悦，同时也蕴含着相互鼓励的意思。

第二节　手指的动作

灵巧的双手是上天赋予人们的贵重礼物，也是我们超越其他生物的进化标志之一。手指是人类手臂的最前端，是“灵活”的体现者。它们的主要作用就是协助手掌抓拿东西。但对于个体动作而言，它们却有着更多的心理学价值。

我们的手指可以做出很多灵巧的动作，同时它们还可以相互配合组合出一些带有特殊含义的动作，这些动作可以分为两大类：一类是遗传性动作，这是在进化过程中形成的；另一类是社会文化性动作，这类动作是后天学习和社会环境所赋予特殊含义的动作。

手指的社会文化性动作：拇指向上或向下

当我们做出拇指向上、其他四指相握、拇指与手臂垂直的动作时，通常是对某个人或者某件事情表示称赞的意思，人们喜欢通过这种手势来表示自己的评价和判断。这种手势的含义也非常多，一般都是赞扬的意思，表示对方非常棒。当然在一些特殊的情景中，也可以表达没有问题或者可以、正确的意思。

不过在不同的地域，这种手势所代表的意思也有所不同。比如，在美国、南非、新加坡、新西兰，我们在马路边对着驶来的汽车做出这样的动作是在向司机传达自己希望顺便搭车的意思；而在希腊向前竖起拇指则是侮辱性的动作，一般表示对方多管闲事。

在大多数国家，如果将向上的拇指调一下方向，改为向下，那么这个动作就变为侮辱性的含义了，一般表示为对方很差劲儿的意思，通常出现在对一些人的行为或者他人的表现不满意而喝倒彩的时候。

手指的社会文化性动作：食指前伸

我们如果对一件事情很气愤，认为不应该出现这样的错误时，往往会去指责办事的人。在指责的过程中，经常会出现伸出食指的动作，这个动作需要食指和手臂处在同一直线，而其他四指相握，这就是典型的指责指。这种动作带有很强烈的质问性质和警告意味，一般做出这种动作的人都是强势的一方，如领导或家长。

在生活中，这种手势很容易恶化双方之间的关系，被指责的一方感受到指责方强烈的批评、责备、埋怨的意思，就会严重影响彼此的沟通效果。就好比是家庭教育中的两种效果相反的教育模式一样，有的家长喜欢用赞扬和鼓励的肢体语言去感染孩子，通过竖起的大拇指向孩子传递出“你很棒”的思想，在赞扬的环境中长大的孩子会表现出自信和阳光的性格；而有的家长则习惯性地用指责性的肢体语言去指责孩子的一些行为，通过前伸的食指表达埋怨、责备的方法会让孩子形成一种不自信、胆小、怯懦的性格，还有些人可能会因此产生叛逆心理。

如果我们做错事情之后、在接受对方指责的时候，发现对方并不是只伸出食指指责自己，而是做出食指和中指一起指责的动作时，我们就可以松一口气。因为做出这种手指动作，说明对方心中并没有十分强烈的指责欲望，只是下意识地想要批评两句。我们在这种情况下就要赶紧承认错误，这通常会达到非常好的效果。

有的时候，我们还会看到一种特殊的指责性手指动作，这个动作也是伸出食指和中指，但是中指会像麻花一样缠绕在食指上面。这种手指动作代表的指责性质就很低了，它所隐含的批评和指责的意味非常含蓄委婉，对方实际上只是想发泄一下情绪罢了，并不是真的很在意事情的对错。

如果有一天你的朋友对你做出了一个食指前伸、大拇指竖起、其他三指握在一起的手枪状动作，说明你的朋友现在心情不错，想和你玩闹一会儿。这个动作看似带有指责性的含义，但是因为上扬的大拇指无形中掩盖了指责的意味，再加上这个动作是手枪状，伴有一定挑衅的意味，说明你的朋友想通过和你“互斗”一番来表达自己愉悦的心情。这种手势很少出现在正规场合，大多数是朋友之间亲密互动的行为。

手指的社会文化性动作：食指向上

如果我们把食指向上伸出，手臂弯曲向上，其余四指握在手心，那么我们通常是在说明一件事情，或者在做一个判断。

一般情况下有人做出这个动作都是希望能够加强自己的语气，强调自己所谈内容的重要性和真实性，但也正是因为这种手势的刻意性，所以对方所讲的内容也未必是真实的。美国前总统克林顿在莱温斯基性丑闻事件的听证会中陈述证词的时候，就屡次做出这种郑重声明的动作，但是因为他极度紧张的心情，使得本来是左撇子的他却伸出右手食指做了强调性的声明，这也从一个侧面证明克林顿所强调的内容是谎言。

生活中，这个动作也可以作为判断性的动作，当我们对某件事情表示不认同的时候，一般都会伸出食指左右摇摆几次，同时伴随着轻微的摇头和撇嘴。

手指的社会文化性动作：多个手指的协作

有一种奇特的手指动作被人们理解为喜欢、认同和“我爱你”的含义，这个手势来自英国的一个手势动作：将大拇指、食指和小指一起指向天空，中指和无名指蜷缩在手心。这种手指动作目前在世界上大多数国家广泛使用，比较有意思的是婴儿在熟睡的时候也会在无意识的情况下做出这种手指动作。

我们还会用拇指和食指组合成一个环状，然后把剩下的三个手指展开形成一个扇面，这个手势被我们隐喻为“没问题”的意思。在美国，这个手势是积极的意思；在日本则是金钱的意思；在法国代表着零，或是没有作用、一切白费的意思；在土耳其这个动作是侮辱性动作；在中国这个手势则比较常见，一般表示没问题、一切准备就绪，很多时候我们还会一边做出手势动作，一边通过嘴巴说出“OK”。

我们在拍照的时候很喜欢做出“剪刀手”。这种食指和中指向上指、其他三根手指扣在手心的动作也表示着胜利，因为这个“V”字形的手势和胜利的英文“victory”首字母相同。但是在新西兰这个手势则代表着举起手来，美国人把这个手势理解为“2”。

生活中，我们还会通过手指的动作来让他人靠近，比如，我们在安静的餐厅不想大声叫喊的时候，都会向服务员勾手示意。通常情况下，我们勾手呼唤他人的动作是五指向下勾动，这个动作一般出现在上级呼唤下级或者大人招呼小孩的时候。

生活中很少出现五指向上勾动的情况，因为这样勾手指的动作多少有一些不尊重他人的成分，带有一定的挑衅或者轻视的含义，所以我们在面对比自己年长的人和自己的领导时，千万不要做出这样的动作。

第三节　手托下巴

说起托下巴的动作，我们应该都能快速地脑补出罗丹的作品——《思想者》，这个作品为我们惟妙惟肖地呈现出一个人手托下巴在思考的形象。

手托下巴是怎么“流行”起来的？

在生活中，很多时候我们也会不自觉地做出手托下巴这样的肢体动作。此外，我们在电视剧或生活中也会经常看见有些小孩子做出手托下巴的动作，做这个动作的时候，他们一般都在向往地看向天空或者远方。这个动作不仅显得孩子们童真可爱，还暗示着他们在幻想着什么，可能是城堡和水晶鞋，也可能是公主和骑士。如果一位女士做出手托下巴的姿势，我们还可以理解为她在撒娇。

其实从本质上来讲，手托下巴的动作是因为人在思考的时候需要集中注意力，身体养分和血液都开始向大脑聚集。这个时候，我们的颈部肌肉就会在颈部神经长期张力的作用下，产生一定程度的不适感，身体希望获得一个比较舒适的思考环境，于是大脑就会发出指令，让手臂抬起做出托着下巴的动作。

慢慢地，这个托下巴的肢体动作就成了人们的一种行为习惯，不管是在紧张、思考、压抑、幻想等精神影响下，还是因为陌生环境和自主意识的影响，我们都会做出托下巴的动作，给自己带来一定程度的自我安慰和肢体舒适感。

也有研究称，我们在思考的时候之所以会做出手托下巴的动作，是因为当大脑在高速运转时会下意识地希望得到一定的保护，而把手放在下巴下面不仅可以支撑我们大脑的重量，还可以在遇到危险时马上给予大脑充分的保护，也影射了当事人潜在的一种自我保护的心理欲望。

按照肢体语言的研究，心理学家认为人类做出托下巴或者抚摸下巴的动作是属于一种自我亲密性的身体反应。每当我们产生一些负面情绪或者想要做出反驳意见的时候，都会下意识地做出一些触摸自己身体的动作，触摸部位可能会有所不同，但是都期望达到一种能够掩饰自己、安慰自己的目的。

如果是恋爱中的人做出托下巴的动作，它的出发点又有所不同。比如，恋爱中的双方有一方喜欢托下巴，说明这个人的性格比较敏感，缺乏安全感，在感情需求上很难得到满足，十分渴望得到别人的爱，但是又不想主动出击，期盼着自己被他人发现。或者是另外一种情况：对自己的恋爱对象存在一定程度的幻想，喜欢编织美好的生活和幸福的未来，甚至将自己的恋爱对象和自己的崇拜对象或者某个自己喜欢的明星画上等号。渐渐地，偏离现实，充满浪漫主义想法，很容易导致恋爱中的双方感情出现问题。

我们可以根据托下巴的不同方式将其分为以下五类：双手托下巴、单手纵向托下巴、单手横向托下巴、手指托下巴和抚摸下巴。

双手托下巴

一提到双手托下巴，我们的脑海中马上想到的就是小女孩托着下巴仰望天空的画面。在心理学中，这种动作是一种明显的安慰性动作，做出这种动作的人在心中常常希望这时候能够在自己身边出现或者看到自己所依赖的对象。所以他们把自己的双手幻想成自己所依赖的对象、撑在下巴下面来寻求心灵上的安慰。

在生活中，双手掌心向上托着下巴的动作表明做出动作的人沉浸在自我的世界中，不会过多关注周围的情况，也可能是因为觉得自己周边的事情太无聊，不想去理会，所以才去幻想一些让自己快乐的事情。

然而，双手托下巴有一种特殊的情况，就是将双手叠加掌心向内、下巴置于掌背的动作，这种姿势在肢体语言里有个专门的称谓——托盘式姿势。这种动作一般出现在两个人的沟通交流中，如果再配上崇拜的眼神和专注的表情，那么这样的动作能够给人一种对方将自己的诚意和身心感受全部奉献出去的感觉，会极大地助长对方的自信心，令别人感到舒畅。当然如果想真诚地做出这种动作，那么对方一定会有足够让你心生敬仰的地方，比如，我们听到非常精彩的演讲或者看到自己喜爱的人，都会下意识地做出这样的动作。

单手纵向托下巴

单手掌纵向托起下巴是经典的思考性动作，因为其中手的作用就是为了使头颈有舒适轻松的感觉。当我们身边有人做出这个动作时，常常表明他在认真思考。

如果你是在和别人谈条件，对方做出这样的动作，说明对方在认真思考你提出的条件，这个时候我们往往需要尽量少说话，给对方足够的思考空间。如果一定要说的话，就要尽量使用关键性词语进行适当的点拨，以便引导对方的思维。

单手横向托下巴

和单手纵向托下巴很接近的动作是单手横向托下巴，这个姿势是用掌心托着下巴，但是手指一般会伸展开贴着脸颊，或者蜷缩起来支撑脸颊，有的人还会将小指放在鼻头的位置。

这个动作表面上看似是专注和认真思考的动作，实际上是出于极度无聊的延伸性动作。当事人的性格通常比较懒散，在没有事情的时候会尽量找一些能让自己感到舒适的动作，尤其是在后背没有舒适的靠椅的情况下，因此这个动作常常表明当事人处于无聊的状态中。

如果在交谈中，你看见对方做出这样的动作，那么代表着对方是以第三者的旁观姿态来对待你，要么是对你所讲的内容不感兴趣，要么就是对方实在没事情做，希望通过听你说话来打发时间。

手指托下巴

有些人喜欢用单个手指托起下巴，这个动作也分为两种情况：用拇指托着下巴，其他手指放在口唇和下巴中间；伸出食指贴着侧脸颊，拇指撑着下巴，其他手指置于口唇和下巴中间。

做出这种动作的人，一般都拥有严谨的思维和独立的人格，或者说是喜欢分析，并且善于做出判断和提出问题。他们一旦发现你所讲的内容出现瑕疵就会进行反驳，所以如果我们在讲述一件事情的时候发现有人做出这样的肢体动作，便应该认真思考自己所说的事情是否有漏洞。

如果是情人之间的谈话，或者是亲密的男女朋友之间的谈话，其中女方做食指放在侧脸的动作，说明对方在审视你，想从你的表情或者话语中看你是否真诚用心，女性做出这种动作往往是出于一种考量的心理。假如你发现女伴做出了这样的动作，你就应该尽量做到诚恳自然，用细节打动对方。

抚摸下巴

在一定程度上，用手去抚摸下巴的动作也是托下巴的一种形式，只不过这个“托”的动作比较短暂快速，我们往往不往“托”这个词上面联想。这个动作源自古人拂须的动作，不管是拂须还是摸下巴，都会给人一种舒适感。

比如，当我们找到某种问题的解决办法，或者是想通了某些关节，或者是人生志得意满的时候，都会产生快感和舒适感。但很多时候，这种快感很难被当事人自己发觉，最多会觉得自己精神变好了，或者思维更加清晰了。在这个时候，大脑就会促使我们做出摸下巴的动作，希望以此来增强我们的舒适感。

如果做出摸下巴的动作的男士蓄有胡须，那么就会变成拂须的动作，就像《三国演义》中关羽的招牌动作一样。这表示当事人非常自信，自信到给别人一种自负的感觉。若是女孩子做出这样的动作，那么通常说明她在考虑问题。

第四节　背手的秘密

一听到背手这个词，大家都能马上在脑海里形成一幅背着手走路的画面，我们将双手交叠置于后背腰臀处，再挺胸收腹，形成标准的背手动作。

背手与职业和年龄的关系

在中国文化中，背手的人会给他人两种感觉：第一是轻视他人，而自己独特、高傲；第二是被人认为轻浮。

生活中，一些长辈会在晚辈面前做出背手的动作，一些官员会在民众面前做出这个动作。这些人之所以如此热衷做这个动作，就是因为这种动作在人类的文化中暗示着一定的身份和地位，给别人传递出一种居高临下的感觉。背手动作传递出两层意思：一是指我是上位者，是做大事的，小事根本不用我亲自动手；二是指束缚自己的双手，将自己的身体要害毫无保留地展现出来，意指“我有着超强的自信，谁也不能把我怎么样”。

我们在散步的时候也会不经意地做出背手动作，究其原因，更多的是为了模仿某些人，希望通过这种动作体会到某种状态，好像这些背手的普通人也拥有着权势一样。也正是这些原因导致背手这个动作成了我们经常看到的一种社交现象，甚至有些群众认为，做干部的就要背着手走路。但是这种背手走路的姿势往往给人一种盛气凌人、瞧不起别人的感觉，真正有权势、有头脑的人是不会做出这种背手动作的，因为它同时代表着拒人于千里之外。

背手动作给他人带来的“这个人轻视他人且举止高傲”的感觉应该很好理解，但是为什么会产生第二种“这个人很轻浮”的感觉呢？这其实要归结到年龄的问题上，如果一个年轻人背着手走在大街上，他就会给人一种轻浮的感觉。

老林在单位混得不错，能够从农民一步步走到副厂长的位子也着实让人钦佩。一个没有背景、没有关系的老实巴交的农民逐步成为化肥一厂的副厂长，老林每次回忆起往昔奋斗的岁月都不禁露出微笑。

这两年老林因为岁数大了，再加上身体也有些小毛病，就退休回家养老了。可是老林从副厂长的职位退下来后，本来应该轻松地享受生活，却因为平日里没什么事情可做而有些难以适应，整天待在家里也很无聊。

于是老林就喜欢在楼下的小区公园里转悠，和一些闲着的人聊聊天、说说话。这个小区里住的都是化肥一厂的员工及其家属，所以大家都认识老林这位副厂长。每次看到老林背着手、踱着步慢慢走过来的时候，大家都会站起来热情地和老林聊上一会儿，老林自己也觉得很舒心。

这天老林正背着手在小区散步，迎面走来一个背着手的年轻人，老林皱了皱眉，往中间站了站，昂起头慢慢向前走。那位年轻人还算有礼貌，看到老林向中间走了，自己就贴着路边走了过去。老林回头看了一眼走过去的年轻人，自言自语道："小毛孩子也敢学大人背着手！"然后才一摇一晃地走远了。

有人觉得手具体怎么放是小事情，不应该大肆讨论，这种外在的表象不能代表什么。其实"在官员身上，背手就等于架子、官气"的说法由来已久，所以生活中我们还是尽量不要做出这样的动作，以免给他人留下一种不好的印象。

身份不同，背手动作的含义也不同

生活中还有一些其他的背手动作，这些背手动作会根据不同的人和不同的环境表达出不同的意思。

在和陌生朋友聊天的时候，背手很可能是因为紧张造成的，有些人在紧张情绪严重的时候还会在背后抓紧自己的手臂。

假如一对陌生男女见面时，恰巧这位男生是这位女生喜欢的类型，那么女生通常会做出两种动作：第一种是拽衣角或者双手拉在身前；第二种则是双手背在后背。第一种动作很好理解，而做出第二种动作往往是因为这位女生的内心很害羞（害羞隐含着担忧），而人在紧张担忧的时候，就会想办法降低自己的存在感，但是现场只有两个人，而且刚见面又不能做出过激的肢体行为，所以希望通过背在身后的双手来缓解自己的情绪，同时微微地将身体前倾（若是显示优越，则会背手挺胸），显得整个人娇憨可爱，更加讨人喜欢。

有些时候背手则暗示着抵抗，比如，孩子在接受批评的时候，他们往往会将双手背在背后，以此来隐藏自己对“挨批”这件事情的不满。但是在工作中挺直身体、背手站立则表示服从。

不同的身份做出背手的动作会有不同的含义，只要我们在遇到别人做出背手动作的时候，仔细观察对方的身份、神态、姿势、年龄，再结合所处的环境，就很容易揣测出一个合理的结果。

第五节　双手动作

人类的双手非常灵巧，它使我们能够拿握工具、生产生活、办公娱乐，人们在做很多事情的时候都离不开双手的帮助。也正是因为双手的使用频率很高，所以当我们内心情绪剧烈波动的时候，都会在无意识的情况下被双手泄露一些信息。如果有的人在交流中突然做出单手向前推的动作，说明对方对你已经有了戒备之心，认为你会伤害到他或者有攻击他的意图；如果在你讲话的过程中，你的谈话对象的手不停地做出一些小动作，那么可以肯定的是他一定没有认真听你讲话……

双手扶膝

很多人都会看到有一些老人坐在椅子上面的时候，总是将两只手放在膝盖上，而年轻人则很少做出这样的动作，这很可能是因为老人的双腿有些不舒服。老人经常会出现一些腿脚上的毛病，这些毛病会带给他们不适感，而双手扶膝的动作可以给肢体带来温暖、舒适的感觉，这与有些人会用厚厚的毯子把膝盖围起来是一样的。

正是因为双手扶膝这种动作的特殊功效，即可以给人体带来舒适感，使得我们在一些特殊的情况下会做出这样的动作。比如，在接受考官面试的时候，有些人双手相握放在桌面上，有些人则双手扶膝。看似没什么特别的手势，其实蕴含着很深的个人情感在其中。

张宏最近在找工作，他是一个非常有想法的人，每次去不同的公司面试之前都会详细地将这家公司的资讯信息做一个充分的调查，以便在面试的时候能够给面试官留下深刻的印象。张宏前后试验了几次，这几家公司都对他很满意，向他伸出了橄榄枝。可是张宏却不想去这些公司上班，因为他看中了另外一家跨国大公司。

这天，张宏接到了这家跨国公司的面试邀请，他特别兴奋，之前做的种种努力不都是为了今天的面试吗？于是张宏想办法让自己冷静下来，保持最佳状态。

面试过程中，张宏坐得笔直，双手自然放在膝盖上，目光正视前方。面试官看到他的姿态后，微不可察地点点头，然后开始提问环节："你为什么会选择我们公司？"

张宏顿了顿，仔细地思考了一下，然后说道："在我看来，贵公司的实力是很强的，不管是在硬件方面还是在软件方面都是国内首屈一指的，我仔细地看了贵公司近几年的规划和完成度，发现贵公司非常有发展的劲头。我个人十分喜欢这样的公司，并且愿意为这样的公司奉献自己的力量！"面试官听了张宏的回答，感觉很满意，脸上也露出了微笑。

张宏不禁松了一口气，可是接下来面试官的问题更有分量了："如果我们没有录取你，你会怎么办？""你在本公司的定位是什么？"张宏禁不住将放在膝盖上的手紧紧地握在一起。他自己都没注意到，随着问题的不断深入，他的手都因为过于用力而握得发白了。

在面试开始的时候，张宏双手扶膝的动作给面试官一种很自信、准备很充分的感觉，张宏做出这种动作也刚好能够最大限度地保证身体的舒适感。而在面试官不断加重问题的分量之后，由于他过于想要加入这家公司，也希望自己的回答能够让面试官满意，所以内心紧张起来，双手不禁紧紧地握了起来，希望通过这种姿势控制自己的情绪，不让自己因为担忧而颤抖。

双手叉腰

当我们站立的时候，还会出现一种双手叉腰的动作。我们把双手分别放在腰部的两侧，可以是用虎口叉着腰部，四指在身前，拇指在身后，也可以是拇指在身前，用手掌向后贴着后腰。这两种看似相近实则不同的叉腰法的含义有着很大的差别。

用虎口叉腰、四指向前的动作一般表示当事人对自我的认同，有一种谁与争锋的气概，同时也带有强烈的进攻意识和进取精神。这个动作将本应该由双手去保护的胸腹部位完全暴露出来，这种“不设防”的手部动作表现出主体无与伦比的自信和强大的信念。

这种叉腰的动作经常出现在一些特殊的场合。比如，双方激烈对峙的时候，叉腰说明双方具备很强的进攻意识，很可能马上就会发展为肢体冲突；还会出现在一些体育运动的赛场上，运动员们通过这样的动作表达自己努力拼搏、争取优异的内心情绪；还会出现在被他人批评的时候，主体通过这种动作来表示自己的不服气、不满意和反抗的意思。

如果是拇指向前、四指向后的叉腰动作，则有另外一层意思。

其实这种叉腰的动作表达出了当事人内心的无力感，或者是正在承受着巨大的压力。比如，我们经常会看到有些妇女在吵架的时候喜欢做出四指向前的叉腰动作，通过这个动作来表示自己的强势，希望通过这种泼辣的姿态让他人知难而退。但是假如有一方突然将四指向前叉腰的姿势改变为四指向后叉腰的话，说明其内心已经产生了无力感，需要得到他人的帮助，否则很可能马上就会败下阵来。

双手互搓

搓手是一个神奇的手部动作，如果你看见一个人在不断地搓手，那么一般有三种情况：激动、紧张或者身体有问题。

关于激动和紧张，大家都很容易理解，这主要归结为人在这两种情绪的主导下会手足无措，而搓手动作不仅可以摩擦产生热量，让我们感到舒服，还可以让我们通过这个动作来转移当事人的注意力，在一定程度上缓解内心焦躁的情绪。

为什么说搓手的人或许身体有问题呢？因为搓手这个动作产生的热量能够刺激手上的重要穴位，起到养生保健的作用。所以我们要是看到有人经常做出这个动作，也可能是这个人在做预防疾病的保健运动，又或是在通过一些按摩来缓解病痛。

第七章

手臂的动作

与折手臂和抱臂不同，伸展手臂是一种让手臂远离身体的动作，根据远离距离和伸展幅度的不同，所蕴含的主体的心理驱动因素也不同。比如，同样是摊开双手的动作，在手肘位置的上方摊开和在手肘位置的下方摊开的意思就不一样，如果不能分辨清楚，必然会产生误解。

第一节　双臂的动作

人类有两个最重要的器官——心脏和大脑，如果这两个部位中的任何一个受到伤害，我们马上就会有生命危险。由于大脑和心脏都在上半身，因此保护它们的重要任务就交给了上半身相对灵活的手臂。

我们的手臂自承担起保护大脑和心脏的重任以来，可谓呕心沥血，披肝沥胆，从来不会将大脑和心脏置于危险的境地。早在人类进化的初期，在面对没有办法躲避的攻击时，人们都会下意识做出蹲身俯首、弯曲双臂挡在对方的攻击路线上的动作，用手臂来保护大脑和心脏的安全。手臂只有在我们与刺激源接触之后马上产生相应变化，才使我们能够通过手臂的动作来洞悉人心。

折手臂

折手臂的常见状态是这样的：一条手臂前伸，小臂向上折叠，同时用手触摸下巴或者鼻子，而另一只手则放在这条折叠的手臂臂弯处，手掌抓着折叠手臂的上臂。

折手臂属于典型的封闭型动作，也就是说，如果有人在发表意见、做出判断或要给出回应的时候做出这个动作，那么表明他在第一时间的反应是拒绝的，有不希望参与其中的意思。但是可能因为受到一些规则的约束或者其他外界因素的限制，所以他必须做出一定的妥协。这个时候当事人就会有两种选择，要么不顾自身的损失直接拒绝，要么咬牙接受条件。在这个举棋不定、犹豫不决的过程中，我们常会看到当事人做出这样折臂思考的动作。

如果在商业谈判中，对方做出这样的动作，则说明现在我方提出的条件很可能已经接近对方的承受极限了，令对方不得不开始认真衡量自己的利益得失。这个时候我们就要适当地给出一些能够让对方得利的条件来打破对方的犹豫，从而顺利拿下对手。

如果我们在推销产品的时候看到客户做出这样的动作，通常说明客户此时已经在考虑要不要买的问题了。我们应该投其所好，或是给对方一点点优惠，从而使对方产生不想错过这次机会的感觉，进而购买我们的产品。

小张是一名超市的销售员，最近超市为了迎接即将到来的中秋节，特意从海南运来一大批椰子味的月饼，准备搞一个大型活动。超市早早地就开始了宣传造势，还制作了一批椰子月饼代金券，在节日前夕，顾客只要购买10元代金券，就可以在中秋节的时候凭券换取价值100元的月饼。

小张被派遣到幸福小区门口摆摊销售该月饼代金券。因为椰子味的月饼很少见，所以小张的代金券销售得很快，甚至有些时候还出现了供不应求的情况，这让小张很兴奋。但是在活动最后一天的时候，小张却遇到了一个意外状况：有一位小区的男性住户，听小张讲了半天代金券的好处，也没有掏钱购买的意思。

小张发现他一直做出一个手摸下巴、另一只手抓着这条手臂臂弯的动作。因为小张对肢体语言有些研究，看到对方一直做出这样的动作，再加上对方审视的目光，他马上就知道对方可能是在怀疑自己的身份，于是赶紧说道："先生，您怕我是骗子吧？"

那位男住户只是盯着小张的面孔看，也不说话，小张赶紧主动出示自己的工作证以及小区物业开出的摆摊证明来证实自己的身份。果然，在看了小区物业开的证明之后，这名男子一边放下抚摸下巴的手臂一边问道："有没有月饼的样品？给我尝一尝。"小张一看就知道有戏，赶紧拿来一块月饼让男子品尝。果然这位男子在品尝月饼之后，就将小张剩下的代金券全部买走了。

正如上面的故事所述，假如对方被我们的"投其所好"或优惠条件所打动，那么他的手臂动作就会出现改变：折叠的手臂会伸直放下，整条手臂和身体平行，另外一条手臂横在胸前，而且手会抓着另外一条手臂的臂弯或者上臂膀。不管手臂是否下垂，这个动作代表的意思都是一样的，即当事人的自我克制、自我安慰、自我约束。当事人的内心虽然还在犹豫，但是程度已经很低了，而且刚刚放下的手就好像是要做掏钱的动作一样，若不是还有另外一条手臂的控制，估计这个客户已经被成功拿下了。

需要注意的是，如果是一位女士做出这样的手臂动作，那么并不表示这位女士被我们所打动了，这反而是一种拒绝的态度。女士在交流沟通中若是做出这样的动作，就等于给对方打上了拒绝的标签。或者因为对方的一些行为是自己不能苟同的，但又不方便当面指责，因此选择这种姿势来进行自我保护，拒绝接收对方的信息。

双抱臂

手臂还会表现出一种完全拒绝的姿势——双抱臂。这种将两条臂膀相互交叉、横抱胸前的姿势表达了当事人有着警惕、拒绝、防御、审视的内心情绪。当然，在一些特殊的情况下，人们也会通过这种姿势来缓解内心的焦虑和恐惧，所以这种姿势在一定程度上带有自我安慰的作用。但是如果我们在社交场合中做出这样的动作，则往往会被认为很难相处或者给人留下一种孤傲高冷的印象，我们潜意识里是不愿与有这种姿态的人交谈的。

有心理研究表示，假如一名讲师面向一群人讲话，在讲到一些大家容易接受、轻松愉悦或者观点独到的问题时，大家的手臂姿态都是很放松的。可是一旦涉及一些没有公论、看法不一的问题，又或是阐述了一些过于激进的观点时，人们的手臂姿态就会有所不同。如果此人的手臂姿态依然保持放松状态，那么表示对方不排斥讲师的观点，如果对方的手臂开始出现拘束的状态，如抱手臂的姿势，则表示这些人是持有反对的意见和拒绝的意思。

如果最后让这些听讲的人给本次演讲的效果进行一次评分，我们会发现，那些做出手臂放松姿势的人打出的分数要普遍高于将手臂约束起来的人。这个实验证明当人们接触到潜意识里自己不认同、反感的事物时，会下意识地做出抱起臂膀的动作来表示拒绝对方的信息输送。

第二节　手臂和手的联动

人体上半身自由度最大的身体部位就是手臂，手臂在人类进化历程中起到了巨大的作用。手是手臂的最前端，是手臂的延伸，二者之间是主从关系。我们想要操控手必须通过手臂，我们想要操控手臂，就一定会带上手，只有两者联动才能使人们做到很多其他生物做不到的事情。

既然手和手臂是主从关系，那么我们在讲手臂动作的时候就不能像手部动作一样独立地去讲解，我们需要将二者结合起来，以手臂为主、手部为辅的形式进行分析。这也是因为大脑在下意识地指挥手臂做出动作的时候，也会顺带“捎上”我们的手。如果一些手臂动作缺少了手的参与，那么这些动作是很古怪的，比如，我们可以试着在动手臂的时候不要动手，即便你做到了，动作也会十分僵硬，而且也没有什么意义。

手臂自然下垂向内交叉，双手交叠于腹前

这里我们首先要讲一个表示自我安慰和顺从的动作。前文曾提到，女孩子在害羞和窘迫的时候有时会做出手臂在身前自然下垂、向内倾斜交叉、手与手相互勾在一起的动作。但是当我们将勾在一起的手势变成左手贴着身体腹部、右手放于左手之上的动作，那么这种动作不论出现在什么样的人身上，都是在展示顺从和自我安慰。

人们在社交场合或沟通中，假如一些问题或者场景使我们感到尴尬和紧张，我们会下意识地做出双手互搓或者将右手覆盖在左手上面的动作。在这个手臂动作中，手部动作的含义是不变的。而我们将手臂自然下垂、向内交叉，是因为这种手臂的姿势有利于我们做出下一步的变化。

这种手臂姿势一般会出现在上下级谈话的场合中，彼此间身份的差异会让下位者自然地做出手臂自然交叉下垂、交叠于腹前的动作。他们可以通过这种动作来表示自己的顺从和恭谨的态度，在一定程度上带有自我安慰的意思。

但若不是在存有明显的身份差异的情况下，对方做出这种肢体动作，那就说明对方在认真听你讲话，同时也在认真考量你的问题。一旦对方觉得你所讲的东西并不能打动自己或有些观点不能接受，这时候就会非常自然地把这种手臂动作变为单抱臂或是双抱臂，那么你就要想想自己讲的观点是不是有问题了。

假如对方在听取你论述观点的时候，做出手臂自然下垂、交叉向内、双手交叠置于腹前的动作，并且在你讲述的过程中配以点头的动作（和我们谈话的节奏相符），而后他交叠置于腹前的双手随着我们谈话内容的深入而慢慢地打开且处于一种放松的态势时，说明对方已经接受了我们的意见。

双臂下垂在身体两侧，手掌贴着裤缝

当两人的身份有差异的时候，通常会通过一些肢体动作展示出来。如果领导和我们谈话并表扬我们，那么我们做出手臂自然下垂、交叉向内、双手交叠置于腹部的动作，就是向领导传达一种谦虚服从、不骄不躁的情绪，这个动作会让领导感到舒服。

如果是在接受批评的情况下，在面对领导怒火的时候，我们可以很轻松地将这个动作稍微改变一下形态：将头顺势向下低，眼睛看着鞋尖，交叠在腹前的双手遵循重力的影响而自然下垂于身体两侧，手掌贴着裤缝。这个动作就是一个很标准的认错动作，下属会通过它来表示自己小心恭谨、态度端正、认真听取批评并且完全接受的意思。

假如你是和同级或身份相近的人进行一场辩论，双方在意见不一致的时候各持己见，希望通过自己的论述来说服对方。要是你发现对方此时做出手臂下垂贴着裤缝、头微微向下低的动作，说明你很可能已经说服了对方，尽管对方现在嘴上还是不服输，但是从他的动作就可以看出他从心里已经开始示弱了。

小明和小张在宿舍里关系最好，他们整天一起上课、一起吃饭，可以说是形影不离的好兄弟。前一阵子流行一款网络游戏，小明和小张也是这款游戏的忠实粉丝，有空就会一起玩儿。因为这个游戏需要队友之间彼此配合才能取胜，所以小明总是会批评小张的一些技术性失误。

有一天，他们两个人又在一起玩游戏，可能是因为对手实力太强，又或许是因为小张技术太差，整个游戏呈现出一面倒的态势，没一会儿就输了。结果，小明忍不住又批评起小张来。小张觉得是对手太厉害，尽管自己技术有限，可是小明也有支援不到位的责任，再加上是在宿舍里当着其他舍友的面被小明批评，小张感觉自己很没面子，所以和小明争辩了起来。

小明一看小张还反驳，怒火再也把持不住，一下子把输了游戏的所有责任全怪在小张身上。而小张本来是有些愧疚的，但是听到小明这样批评自己，也不由得怒火中烧，就和小明吵了起来。

眼看这一对好兄弟就要决裂，同宿舍的小项赶紧起身拦了下来。小项一边把小明拉开一边说："你刚才可能没注意，小张和你争辩的时候都没有盯着你看，一直都低着头，你看他一直到和你吵起来，两条手臂都在身体两侧垂着呢。你知道我选修了心理学的课程，这种动作是表示愧疚和自责的肢体语言，你就适可而止吧，别伤了小张的自尊。"

小明想了想，也觉得自己有些过分，就冲小项点点头，然后主动向小张道了歉，还邀请小张一起去吃午餐。小张也主动承认了错误，跟着小明出去了。小项看着和好如初的两兄弟，也觉得自己略有所得，不由得期待起下一节的心理学课程了。

由此可见，在及时发现对方做出这种手臂动作之后，我们就应该把握尺度，就此打住一争高下的好胜心，给对方留点颜面，这样一来对方才会心悦诚服，并且在心里感激你的做法。当然如果你没有察觉到他的动作，一味地咄咄逼人，很可能达到相反的效果，引起对方的厌烦甚至仇视，辩论的结果自然也不是我们期望看到的那样。

手臂紧贴身体，双手插口袋

在生活中，我们还会看到这样一种手臂动作：手臂紧贴身体，将双手插进口袋。这个动作一般出现在天气寒冷的时候，人们通过这个动作来抵御寒冷；但是如果在不是很冷的环境中有人做出这样的动作，则表示他对眼前的事情漠不关心；假如在彼此的沟通交流中，有人做出这样的动作，说明对方对你所讲的问题根本不感兴趣，将双手束缚在口袋中的动作已经很明确地将对方拒绝参与其中的想法表示出来。

这个肢体动作很有趣，它还会出现在一种亲近的关系中，比如，在家长和孩子谈话的时候，我们有时会看到孩子将手插进衣服兜里，通过这种动作隐晦地表示反抗。

在一些特殊的情况下，这个手臂动作具备另外一种含义，即当事人隐藏着难以示人的想法和企图。在一些反扒能手的经验中，只要是有经验的小偷，都会频繁地做出双手插进衣兜的动作。我们也经常在电视剧中看到，反面人物在做一些违法乱纪或见不得光的事情时会将自己的双手掩藏起来，而最经常出现的动作就是将双手插进裤兜里，以期望通过外在的掩饰来起到隐藏自己真实目的的作用。

第三节　伸展手臂

与折手臂和抱臂不同，伸展手臂是一种让手臂远离身体的动作，根据远离距离和伸展幅度的不同，所蕴含的主体的心理驱动因素也不同。比如，同样是摊开双手的动作，在手肘位置的上方摊开和在手肘位置的下方摊开的意思就不一样，如果不能分辨清楚，必然会产生误解。

大幅度摊手

我们经常在篮球赛或足球赛中看到一种非常经典的手臂动作：两手向身体两侧摊开，手掌向上，带有轻微的耸肩动作。这一动作非常直白地表示了当事人对某件事无能为力、做不到更好结果的意思，也表示当事人对这个结果很不满意。

为什么这个动作多出现在运动场上？因为人们在剧烈运动之后，会非常自然地做出这种范围大、能量耗损大，但又不具备攻击性的动作。因为经过一定程度的肢体运动后，我们的肌肉才能够充分地协调起来，大脑才能够在刺激源不是很强的时候轻松操控身体肌肉做出“大动作”。

而我们在现实生活中做出这样的肢体动作的次数一般较少，身体素质比较差的人常会简化这个动作。如果你发现对方做出这样的肢体动作，一般只有两种情况：第一种情况是对方非常喜欢做这个动作，在遇到无能为力的事情时会习惯性地做出这个动作来表示自己的情绪。第二种情况比较特殊，你会发现对方做出这个动作的时候会有一个短暂的停滞，给我们传递出一种突兀的感觉。这说明对方是有意识地操控自己的肌肉做出这样的身体动作，因为没有经过一定程度的肢体运动，身体关节和肌腱没有舒展开来，所以会有一个短暂的停滞。

小幅度摊手

我们在体育场上见到的摊手动作经常是将手臂平举到肩头的高度，这个动作传递的意思非常强烈。虽然表示现在的结果让自己无能为力，但是并没有否认自己的努力，而是认为对手的实力太强造成的结果。

生活中我们经常看到的是手肘以下的手臂向上抬起，与手肘上臂组成一定的角度，小臂在身前一左一右地前伸，好像是一个“八”字形。这个动作所表示的无奈程度远低于体育场上的肢体动作，同时这个动作的含义也有所改变，不单单表示自己的无能为力，还可以表示自己的无辜、否认、不满。

如果我们是在坐着的情况下，这个动作甚至可能只是简化为向上摊摊手或耸耸肩，以表示自己的反对情绪。但是这种情绪程度很轻，前一刻刚刚摊完手，后一刻就会按照对方的意见去做。

出现以上这两种情况的原因是当事人所接受的信息刺激程度很小，在主体的接受范围之内，不能引起强烈的肢体反应，再加上周围的环境和肢体的活动程度制约肢体活动范围，所以当事人会根据刺激源的程度“缩减”自己的肢体动作。

小红毕业后就在一家小公司上班，之所以选择这家公司是因为她觉得公司老总的思想很前卫、很有想法，而且还能经常出国学习一些西方的管理经验和知识，小红认为跟着这样的老总很有前途。此外，小红的工作并不是很忙，工资也不低，所以她对这份工作很满意。

这一天，小红穿了一件粉红色休闲上衣来上班，在公司门口被老总撞见了，老总问她是谁告诉她可以穿休闲装上班的。这时小红摊了摊手，没有说话，老总也就没有批评小红，只是要求她以后穿正装来上班。

小红刚坐到工位上，邻桌的同事小琴就问小红："刚才老总对你说什么了？"小红耸了耸肩，拖长音说："穿着打扮要正式。"小琴翻了翻白眼，说了句："无聊！"

这时候，主管走到小红身前质问道："小红，你怎么搞的，昨天你接待的那位客户撤单了，他可是我们公司的老客户了！"小红听了，愣了一下，然后站起来对主管说："那位客户的要求太苛刻了，要我们让利 20%，我们做不到啊！您知道的，这个客户就是鸡蛋里挑骨头，我们公司规定是让利 8%，他这胃口也太大了，我无法做这个主。"

主管有些恼怒地说道："那你不会给客户讲一些例子吗？想办法把客户挽留住！"这下小红不乐意了，耸了下肩膀，摊开手臂比画了一下，说道："我讲了两个小时，那个客户还是不松口，我已经很努力了！"主管离开后，小红还是有些生气，觉得今天真是太倒霉了。

小红一开始的摊手动作只是表示自己的无辜，给老总传递了自己不知道的意思；在和小琴的聊天中耸肩膀，表示自己对公司制度有不满意的地方，但是这些不满意自己可以克服，也会按照老总的要求去做；在接受主管质问的时候摊手耸肩，则表示"我已经尽力了、这责任不应该由我来承担"的意思。

向身体前方伸展手臂

前文提到了这样一个双手动作：将双手举到身前，一前一后推出或者一齐推出，这个动作表示防备、保护和拒绝的意思。这个动作是人类在进化过程中形成的，在人们遇到意外或者威胁的时候都会本能地希望与这些负面信息保持一定的距离，这样将手举起来不仅可以将未知的事物向外推，还可以随时改变自己的手臂动作来保护头部和心脏，所以我们的大脑会下意识地指挥手臂做出向外推的动作。

在现实生活中，每当我们遇到自己非常不喜欢的东西或接触到一些让自己感到威胁的刺激源时，我们都会做出这样的肢体动作。比如，一位男士去拥抱一位女士，如果这位女士不喜欢这位男士，会下意识地用双手推开这位男士。再如，一些年幼的孩子在遇到自己讨厌的食物或玩具的时候，会用手将这些东西推开、保持距离。这种动作在电影和电视剧中出现的频次最多，每当弱势的一方企图摆脱强势的一方把控的时候，都会挥舞手臂用力推开这些靠近自己的人或者物品。

向身体两侧伸展手臂

我们将手臂伸展开的时候，还会做出另外一个有着特殊含义的动作，我们将手臂向身体两侧伸展开，做出和肩部平齐的向上张臂、掌心对向天空的动作，姿势很像飞鸟展开翅膀。

这是标准的打开自己的一切防线、给予对方绝对信任的动作。

一般在双方距离较远的时候就做出来，通常表示自己对另外一方的欢迎、接受的态度，等到对方走近的时候，人们会把这个动作转变为拥抱的动作。这个动作也会延伸出一些其他动作，如伸懒腰的动作，表示自己很舒适、很轻松。

在一些环境中，向身体两侧伸展手臂也表示释怀的意思。在生活中有些时候，彼此双方因为一些问题产生了矛盾，一方很生气，另一方碍于面子或因为对方正在气头上，所以找不到缓解对方情绪的最佳时机。此时，我们该如何判断对方的情绪有所缓和、可以给彼此找个台阶下了呢？这就要观察对方的肢体动作，如果他能够在你的面前做出伸懒腰或张开双臂的动作，那么说明对方已经不介意你们之间的矛盾了，在这个时候你主动搭话，往往能冰释前嫌。

第四节　拥抱和触碰

拥抱这个动作已经成为现今社会中社交礼仪的一个重要部分，是我们经常能够看到的礼节性动作。而本节中所分析的触碰是有特指性质的，是指触碰他人的上臂、手肘和下臂，不包括其他身体部位或敏感部位。

拥抱的动作含义

现代社会，拥抱已经演变为一种社交礼仪，最早兴起于欧美国家。在中国，拥抱这种动作一般出现在关系亲密的人身上，因为含蓄的我们还是更习惯一些平常的社交礼仪，比如，握手和打招呼。

礼仪性的拥抱动作是这样的：首先要相对而立，目视对方，然后右臂向上，左臂向下，右臂环绕对方的肩颈，右手抚对方的左肩膀，左臂环绕对方的后腰，左手抚对方的右后腰，同时躯干向左倾，然后拥抱在一起。整个拥抱的过程中，要保持头部相贴，拥抱时间不超过 3 秒，拥抱力度要以使对方感到舒适为宜。

拥抱在汉语的语境中一般有两个含义：第一是亲近，第二是爱。拥抱突破了人们之间的亲密距离，当我们在对某人行拥抱礼的时候，就表示我们对他是充满真挚地欢迎，并且这个动作也会给对方足够的安全感、信任感和亲密感。

在婴孩时期的我们就已经充分感受到了拥抱的舒适。婴儿未出生的时候，生活在母体的子宫内，这是一个温暖、安静、舒适的环境，可是在降临这个世界之后，突如其来的温度差异和外界各种信息的干扰都会使婴儿对这个世界充满了恐惧。而消除这种恐惧的方法就是躲在父母那安全舒适的怀抱中。那个时候的我们还没有对每一次拥抱都形成清晰的记忆，可是边缘系统会直接将这种感觉留存在大脑中。每当我们感到恐惧不安时，都会有被别人拥抱的心理需求，面对别人的悲伤痛苦、想要给予安慰的时候，也会自然而然地送上一个温暖的拥抱。

在英国的一个孤儿院里曾经发生过这样一件怪事：孩子们突然得了一种怪病，他们的双眼暗淡无光，不爱活动，不参加游戏，就连胃口都变得很差。这让孤儿院的工作人员非常焦虑，于是他们通过各种渠道向社会求助。

后来孤儿院的情况被一位心理学家知道了，于是这位心理学家赶往孤儿院进行了实地考察。他仔细观察了这些孩子的身体反应之后，对孤儿院的管理者说："这些孩子之所以这样不是因为疾病，我有办法让他们不药而愈。"

在孤儿院管理者不信任的目光中，这位心理学家去小镇上找了一些十一二岁的小姑娘来帮助他。他请这些小姑娘每天都抽出半个小时的时间来到孤儿院里拥抱这些"生病"的孩子，和他们一起玩耍、做游戏。果然不到一个星期，整个孤儿院里的孩子都和正常孩子一样欢笑奔跑了，小镇上的人们远远地就能听到这些孩子开心的笑声和欢闹声。

这样神奇的事情让孤儿院的管理者不敢相信自己的眼睛，他们一起去请教这位心理学家。心理学家听了他们的疑问之后，不禁叹了口气说道："这些孤儿从小就没接受过父母、亲人的拥抱，就像花朵缺少水分一样，自然就慢慢枯萎了。我找来这些同龄的女孩子和他们一起拥抱玩耍，就是给他们这样的养分啊。"管理者听后恍然大悟，在之后的日子里便经常邀请小镇里面的孩子来孤儿院玩耍。

在心理学中，拥抱这种肢体动作具备特殊的含义。研究发现，一个经常做出拥抱动作或是被他人拥抱的人的心理健康程度要远远高出一个不被拥抱或者不拥抱他人的人。美国心理学家赫洛德·傅斯博士就说过："拥抱可以消除沮丧——能够提高人体免疫系统的功能；拥抱可以为疲倦的身体注入新的能量，使人们更有活力。在家庭生活中，每天的拥抱可以加强成员之间的关系，还能够大大减少彼此之间的矛盾。"

我们在遭遇挫折的时候都迫切地需要一个温暖的拥抱，为自己鼓足爬起来继续战斗的勇气。就算是在团体活动中，领导者也会让我们做出拥抱的动作来消除彼此之间的陌生感和隔阂，增强我们自身的安全感，从而能够在接下来的活动中充分展现自我。即使有一天我们老了，也同样需要拥抱，年迈体弱的我们正是通过与亲人的拥抱来唤醒自己的记忆，为生命注入活力、勇气和信心的。

触碰的动作含义

和拥抱有着同样功效的是触碰，它也会给我们带来一定的安全感。心理学研究发现，我们在日常生活中邀请陌生人做一些简单的事情时，如果只是直白地邀请对方，那么被拒绝的可能性会超过90%；但若是我们在邀请的过程中轻轻地触碰对方的上臂、手肘或者下臂，那么邀请的成功率可以提升到 50%。

进一步研究发现，形象好的人在触碰邀请的时候成功率更高，女性触碰男性比男性触碰男性或者男性触碰女性的成功率要高。在触碰对方上臂、手肘、下臂等不同部位的时候，所引起的效果并没有明显的差别。但若是我们触碰对方的手腕、手或者身体的其他部位，会马上引起对方的警觉和反感。而且触碰的持续时间最好保持在 3 秒以内，时间过久也会使他人产生反感不适心理。

为什么触碰手臂可以帮助我们获得人际交往上的成功呢？这是两个方面的原因造成的。

第一，在正常的肢体运动中，所有和手臂有关的肢体运动都属于身体之间的亲密距离范围。不论是哪个国家和民族，我们和陌生人之间都不会轻易地做出肢体接触，只有和亲近的朋友、亲人之间才会有一定程度的肢体接触。所以如果我们进入了对方的空间范围，并且触碰了对方的手臂，那么在无形中给对方大脑传递了一种“我们彼此之间的关系是亲密距离的关系”的信号。在拉近了心理上的距离之后，我们提出一些对方很容易做得到的事情，就很容易被对方接受并实施。

第二，人们对于美好的事物总是会降低防备之心。假如触碰者是一名有礼貌、形象气质佳、外貌感官好的人，那么他触碰到陌生人的手臂之时，对方的大脑不仅能接收到“他是自己人”的信号，还能留下一个深刻的、美好的第一印象，在这种情况下，触摸者所提出的一些小小的要求自然很容易被实现。

在生活工作中，倘若我们能够巧妙地走进对方的亲密距离中，轻轻触碰对方的手臂，大多能够在接下来的事情中得到更好的结果，这些看似特别微小的动作其实完全可以给我们带来巨大的回报。

第五节　耸肩

手臂与肩膀连接，当手臂做出某些动作的时候，肩膀也会随之动起来，如耸肩，想完成这个动作，就要依靠手臂和肩膀的力量协同作用，手臂在身体两侧夹紧、上提，颈部顺势下移、脊背弓起，同时还可能伴有低头的动作，看起来就像是要把头部缩进躯干里一样。

很多人都会把耸肩的动作和乌龟缩脑袋的动作联系在一起，甚至有些书里还把人们“耸肩缩首”的动作归结于此，认为人类是在受到乌龟缩脑袋这个动作的启发后而演变出缩头耸肩的动作，其实这是没有根据的。尽管乌龟缩头是因为遇到危险后为了保护自身而做出的动作，和人类缩头耸肩的动作最初是为了保护自身安全的含义相同，但是人类做出这样的保护性动作是因为大脑的直接反应，是一种天生的本能，并不是向其他动物学习后才产生的。

所以这个动作一般带有以下三层含义：第一层是表示感到恐惧的时候下意识的肢体行为；第二层表示屈服和认输；第三层则表示无奈或者无助。

耸肩的含义：感到恐惧时下意识的肢体行为

人类在遇到危险的时候，边缘系统会在第一时间被激发，这是进化史在人类身上留存的痕迹，此时要么以最快的速度用双手将脑袋环抱起来，要么将肩膀耸起、脑袋后缩，拉开与危险之间的距离。我们在受到刺激源威胁的时候，若是做出了耸肩保护头部的动作，则说明大脑认为已经没有另外更好的办法来保护自己了。

尽管这些动作在很多时候并不能很好地保证头部的安全，但在一定程度上还是会给大脑传递出安慰信号。所以即便进入了现代社会，人类在受到突然袭击或者遇到令我们感到意外的事件时，也会时常做出耸肩的动作，以此来寻求心理安慰和安全感。

耸肩的含义：屈服和认输

当耸肩表示认输和屈服的含义时，这个动作一般出现在朋友之间的竞赛中，这种情况下不存在强烈的生存欲望，比赛的输赢结果最多也就是影响到彼此面子损失的程度。在生活中这样的场景可以说是很多的，比如，在公司中，你的销售业绩虽然名列前茅，但也不是最拔尖的，每当有人在你的面前提到那几个超过你的人时，你可能会做出耸肩的动作，通过这样的动作隐晦地表示对方确实很厉害。

耸肩的含义：无奈或者无助

耸肩的第三层意思是表示自己的无奈或者无助，这种情况也很普遍，这里我们要注意观察对方是单肩耸动还是双肩一起耸动。

如果对方在交谈或者回答问题的时候做出放松一边肩膀、另一边保持不动的动作，则表示他所表述的事情有作假的成分，这是典型的身体谎言；要是真实的情感流露，那么他一定是双肩耸动，而不是单肩耸动。

对双肩耸动而言，我们在工作不力、面对上司的质问时会做出这样的动作；在回答一些没有准确答案的问题时，随便搪塞出去的答案被对方继续追问的时候也会做出这样的动作；情侣和夫妻间出现这种动作会更加频繁，当恋人向你提出一些明知你做不到的要求时，我们在回答时也往往会伴随这样的动作。

总体来说，耸肩的动作有这三层含义，但是在生活中我们一定要注意仔细观察对方做出耸肩这个动作的具体环境，因为人们在头颈不舒服或者肩膀不舒服的时候也会做出耸肩的动作，只是为了缓解这些部位的疼痛感，而没有什么深层含义。我们只有真正弄清楚对方耸肩的原因和时机，才能给我们带来有效的帮助。

第八章

腿脚的动作

冻结腿在坐姿中出现得最为频繁。在交流沟通中，只要我们问某人一些他不想提及的事情，这个人一定会减少或者停止双腿的动作，两腿微微向内收，重心向脚尖移动，两脚一前一后轻微错开。只要我们紧追这个问题不放，对方就会马上起身、借口离开。

第一节　惬意腿

“腿脚”一词在汉语的语境中是行走能力的意思。腿是指脚踝以上、大腿根部以下的部位，脚则是下肢末端接触地面的器官，这两者相互结合后共同组成了人体的下肢。腿带动脚运动，脚支撑腿承载压力，这两者相互协调、紧密合作，肩负着行走、跑跳、支撑等功能，缺少任何一个部位对人体的影响都非常严重。所以我们通常将这两者放在一起研究，分析它们的肢体语言。

腿脚上有更真实的肢体语言

我们在生活交际中观察对方的时候，一般都将注意力放在对方的上半身，往往会忽视下半身。实际上在肢体语言中，腿和脚的一些动作更具有分析研究价值，它们是最真实的器官。腿脚的动作之所以如此真实是由三个因素造成的：

其一，腿脚距离大脑最远，想要刻意控制有难度。

众所周知，人类的大脑可以说是世界上非常神奇的生物器官，它是生命的控制中枢，人们所有的思维和行为都由它调配，也就是说，人体所做出的任何一个动作都是由大脑指挥的。现代科学研究证明，大脑在工作的时候会产生脑电波，通过脑电波来传递控制信号。而能量在传输的过程中会有损耗，距离越远的能量传输，损失的能量越多，同时传递的距离越远，所需要的时间也就越长。

面部是距离大脑最近的表情器官，所以它可以拥有丰富多彩的表情变化。在四肢中，上肢也明显比下肢灵活得多，这都与大脑传递控制信号的方式有关。因为腿脚距离大脑最远，所受大脑的控制程度也最弱，所以很多时候腿脚所表现出来的肢体动作才真正是内心情绪的流露。

其二，腿脚遵循着原始的应激模式，受后天影响较小。

人类经过无数年进化，才最终形成了一定形式的肢体反应，这些肢体反应大部分都具备原始意义。早在远古时期，人类最先把四肢中的上肢解放出来，手臂在那个时候已经开始承担着沟通、采集、捕猎、保护等重要的高级生存性作用，而下肢只具备着支撑身体和带动身体运动的基础生存性作用。

每当人类遇到危险的时候，第一时间都会将头部保护起来，让其远离危险，然后再带动身体向后倾斜，继而举起手臂向前推或是护卫在身前，最后才会通过腿脚带着身体逃离危险。这种反应模式在人类大脑的边缘系统中被固化下来，留存到人体的基因里，一代又一代地遗传下来。所以人类在遇到危险的时候，不需要后天训练和学习，马上就可以做出这样的保护性动作。这也证明现代人类在遇到危险的时候所表现出来的应激模式没有改变，我们的腿和脚忠实地反映着我们的内心想法。

其三，常被人们忽视观察的腿脚缺乏作假的动因。

因为眼睛长在头部，在沟通交流中观察同等高度的对象更方便，所以我们在沟通交流中都会第一时间观察对方上半身的变化。在生活中，我们的面部表情和上肢动作更是不断地接受传统文化和习俗的修正和规范，使其隐含着社交性和意识性。比如，我们从小就被家长教育要“笑脸迎人”“双手端水显礼貌”“说话要直视对方”等。

与此同时，下半身的肢体动作则被人们所忽略。正是因为这种忽略，使得下半身的变化更具备原始性和真实性，也使得我们能够更加便捷地获取真实的肢体反应信息，通过这样真实的腿脚动作，进行深入的分析研究，从容地洞悉对方心里的真实想法。

惬意腿的动作

我们都知道，不同的年龄、不同的身份、不同的性别的人做出的腿部动作是不相同的。在这繁多的腿部动作中，有着一种很特殊的腿部动作，这种腿部动作虽然没有具体的行为标尺，不同的人所表现出的形式也可能大不相同，但是很好分辨，原因如下：这些腿部形态从整体上会给我们传递出一种协调自然、相对开放、友好大方的直观感受；这些腿型和环境很协调，我们看在眼里会觉得很自然、不突兀。也就是说，这些不同的腿部动作代表着一种共同的意思——自由、惬意、舒适。人们一般在心情比较平静、情绪稳定或处在轻松愉悦的环境中会自然地摆出这种腿型。

还有一种腿型也表示轻松、舒适、惬意的含义，这种腿型是有固定的判别标准的。当我们看到一个人坐在椅子上让双脚离开地面，自然下垂的两条腿还不停地摇来晃去的时候，就可以判定这个人的心情非常不错。

因为这种腿型直接将我们的双脚带离地面，双脚能够主动离开地面，表明主体觉得现在的环境非常安全，这种安全感使主体心情放松，警惕程度降低；同时在空中摆来荡去的双腿也说明主体心中是无拘无束的，心情思维都很开放。

我们在动物园会看到一些小猴子在兴奋开心的时候会抓着藤条荡来荡去。而我们人类在荡秋千的时候心情也很好，坐在秋千上双腿摇来晃去，满面笑容，这种儿时的记忆一直被深深地印在脑海里，每当我们心情愉悦的时候都很可能做出类似于荡秋千时的腿部动作。

在恋爱的场景中，女孩要是突然荡起了双腿，那么说明这位男孩的表现还不错，赢得了女孩的芳心。她荡在空中的双腿仿佛是在说："和你在一起很轻松、很开心、很愉快。"

小陈和小张已经结婚五年多了，但是因为两个人的工作都很忙，所以他们很少有在一起的愉快时光。而且繁忙的工作使得他们的生活非常乏味，这让小张很担心自己的婚姻。

在今年放假的时候小张做了一个决定，把自己的父母接到家里来带孩子，自己带着老婆去旅游好好放松几天，以便增进夫妻感情。开始的几天，他们两个人走了好多地方，都很开心，小张觉得不虚此行。

在这次行程即将结束的时候，小陈想买一套衣服留作纪念，于是和小张来到一家大型商场。结果整整逛了一个上午也没有选到令小陈感到满意的衣服，于是小张就有些不耐烦了。小陈显然是看到了小张的反应，她感到很不开心。

小张也发觉了小陈的情绪变化，不禁暗暗叫苦，这时候要是惹得老婆生气，这次旅行的终极目标不就达不到了吗？小张赶紧提议去吃饭，试图转移小陈的注意力，结果小陈不同意。没有办法的小张只好说："那我们还是回家吧。"小陈马上说道："要回你回，我不回。"小张一看这样也不是办法，还想再劝几句，但是想到现在小陈在气头上，随便搭话只会起到反效果，只能忍住跟着小陈随便乱逛。

这样走了一会儿，小陈感到累了就坐在商场的公共座椅上休息，小张赶紧去买了杯小陈爱喝的饮料。过了一会儿，小张发现坐在椅子上的小陈突然荡起了双腿，小张由此知道小陈应该是消气了，于是怯怯地提议说："亲爱的，既然不生气了，咱们就去吃饭吧。"小陈说："刚才是生气的，现在已经不气了。"小张赶紧说："你肯定饿了，想吃点什么呢？"小陈说："你选餐厅，吃什么由我来选。"小张赶紧答应，顿时觉得轻松不少。

由此可见，我们在生活中要学会观察他人的腿部动作，这些动作真实地反映了当事人的内心情感，也可以帮助我们及时做出准确判断，寻找到正确的应对方法，这种恰到好处的应对会让一些本来很难处理的事情变得简单起来。

第二节　拒绝腿

在我们的工作中，拒绝腿经常出现，这种腿型有利于我们判断客户的心理姿态。拒绝腿主要有以下几种类型：

小腿交叉的动作

有一种腿型一般出现在坐姿中，具体呈现为双腿小腿交叉在一起、整个下肢呈一个叉子的形状，这是一种半开放型肢体动作。通过肢体动作将双腿束缚起来的行为，表明了主体内心处于防御，或焦灼、紧张的状态。主体的本意是拒绝接收刺激信息，但是又因为别的原因不能躲开刺激源的干扰，在这种情况下就会做出这样的防御性动作，通过肢体的拘束来减弱自己对刺激源的接收能力。

我们在工作中向他人或客户宣传一种理念或产品的时候，如果对方做出这种小腿交叉的拒绝腿型，代表着其内心存在一定程度的防御和抵抗，不过当事人主观上还是能够承受刺激源的刺激，侧面说明我们还是有希望与客户达成交易的，只是我们的方案打动客户的力度还不够。

假如在你讲完之后，客户不仅仅是双腿交叉封闭起来，双手也交叉环抱在胸前，则表示他的内心处于完全防御状态，拒绝和外界的一切信息产生接触，因此你所讲的东西，对方只不过是听听罢了，并没有想要进一步了解的欲望。

倘若在我们讲完之后，对方的手臂打开了，只是双腿依然呈现交叉束缚的状态，那么说明客户虽然还没有对我们所讲的问题产生兴趣，但是因为我们讲得很精彩，客户已经产生了了解的兴趣。所以这个时候我们就要对症下药，寻找突破点，加把劲儿就能顺利将客户拿下。

倘若客户的双手依然环抱交叉在胸前，但是原本交叉在一起的双腿已经随着谈话的展开而松开了，这说明客户的心中已经对我们所描述的事情产生了兴趣，只不过还存有一定的顾虑，如我们公司的实力等问题。这种情况下，就要将展示的方向转移到公司的实力上来，只要打消客户的顾虑，就很容易与客户达成交易。

如果我们在用尽心力地描述之后，客户还是做出环抱臂膀、交叉双腿的动作，那么我们就可以放弃这个客户了。因为这种肢体语言已经很明确地表示出客户的内心想法，即便他不停地点头附和你的讲述，或者是进行一些细节性的发问，表现得很有兴趣的样子，但事实上他并不会参与我们所描述的项目，因为他内心的真实想法是拒绝的。

大腿交叉（二郎腿）的动作

我们在很多时候都会做出一种腿部姿势——跷二郎腿。我们在坐着的时候为了使自己坐得更舒服，或者在寒冷的天气里便于帮助身体保暖的情况下，都会将一条腿跷到另一条腿上面，跷起的那条腿一般保持脚尖前伸或者向上的姿势。

这种姿势本来的目的很简单，只是为了自身的舒适。但若是对方在一些沟通交际的环境中做出这样的姿势，则传递着另外一个层面的信息——对方不喜欢你。为什么跷二郎腿就表示不喜欢别人呢？有以下三个原因：第一，这个动作的出发点就是为了让自己舒服，而不考虑对周围环境的影响；第二，我们如果在谈话中做出这样的动作，就相当于界定了和对方之间的距离；第三，若恰好是与别人相对而坐，这种跷起的脚尖有可能会指向对方，而用脚尖指向他人是带有很强的攻击性的。

所以在沟通交际中做出跷二郎腿的动作，会给别人一种自视过高、不礼貌的印象。打个比方来说，我们在公司里正跷着二郎腿坐在椅子上，突然发现领导正向我们走过来，那么我们的第一反应肯定是马上收起双腿，保持端正的坐姿，以示对领导的尊重。

同样地，假如我们在向别人推广产品的时候，发现正在与你交谈的对方突然跷起了二郎腿，那么我们就要仔细思考一下是什么原因使对方跷起了二郎腿，这种腿部姿态很可能是在向我们传递对方已经产生了拒绝的情绪。如果是因为他感到疲倦而听不下去，我们可以恰到好处地提出去外面边走边谈的建议；如果是谈话刚开始不久，那么我们就不要急功冒进，等找到对方拒绝的真实原因之后再进行推广；如果客户不仅跷起了二郎腿，还将后背靠在椅子上，同时抱起臂膀，这意味着我们可以考虑放弃这位客户了，因为他是无论如何也不会对我们的商品感兴趣的。

反之，当对方做出了其他带有拒绝含义的肢体动作，然而腿部动作却仍是自然惬意的状态，并没有跷起二郎腿时，则说明对方心不在焉，他在思考其他对他而言更重要的问题，而不是对你所说的内容感到厌倦和抵触。

张兴在一家销售公司做保健品销售员。平时他还是一名肢体语言爱好者，经常查阅肢体语言方面的书籍，因此在向客户推销或与客户沟通的过程中，他都会试着运用所学到的肢体语言方面的知识。结果真让他猜对了不少，对他的工作也有不小的帮助，所以渐渐地，张兴就养成了一种通过肢体语言来判断对方内心真实想法的习惯。

这一天，张兴和同事小李一起去拜访一位很有购买欲望的客户——赵总。可是在见到赵总的时候，张兴就觉得有些不对劲儿，往日总是乐呵呵的赵总今天有些不太高兴。

小李和赵总客套几句后就说明来意，这时候张兴发现赵总本来放在桌子上的手臂抱在了胸前，一边用手摸着下巴一边对小李说：“小李啊，我最近有些事情要处理，想再等一等，你们这个产品是挺好的，我过一段时间会主动联系你们订购一批的。”

张兴看到赵总抱在一起的双臂就知道今天的生意可能会有变故，没想到赵总竟这么直接推脱，按照张兴以往的经验，这样的反应就表明同这个客户成交的希望已经很渺茫了。果然，小李听了也是脸色一变，一边追问赵总是不是哪里出了问题，一边继续介绍产品的优势。可是没想到，赵总直接不耐烦地请他们离开，根本不给小李讲话的机会。

在临走的那一刻，张兴突然想到赵总的双腿姿势自始至终都是很随和的，他不由得想肯定是赵总今天遇到了什么烦心事，而不是对自己的产品产生了疑虑。所以即便是小李准备放弃这单生意了，张兴还是建议过两天再来试一试。结果不出张兴所料，在下次拜访的时候，赵总一下子签了一个大订单，并对上一次的失礼态度表达了歉意。

事后小李很惊奇张兴是怎么知道赵总这单还是有希望的，张兴笑了笑说：“那天看见赵总的时候，他就有些不高兴，和我们说话时虽然抱着手臂，但是也在摸着下巴，说明他在想一些令他很头痛的事情，他被我们打断了思路肯定是要送客的。但是我发现赵总的双腿姿势是很随意的，并没有跷起二郎腿，也就是说，他并没有拒绝我们的意思，所以我觉得我们还有机会。”小李听了之后，对张兴敏锐的观察力深感钦佩。

脚踝与膝盖交叉的动作

生活中还有一种特殊的拒绝腿型，这种腿型是由站立姿态下的腿型转变过来的。在20世纪八九十年代，民间有一个游戏曾经风靡一时，这个游戏需要我们一条腿直立、另一条腿向上搬起，向内侧转角90°，对侧的手则托着这条抬起的腿，形成一个向身前伸出的三角形。这个游戏在有些地方被称为“斗鸡”，有些地方则称为“对拐”。游戏的目的是将对手撞倒或者使对方不能维持好用腿和手围成的“三角形”。这种站立的单腿搏斗的游戏攻中有防，非常简单，相信很多人都玩过。

其实在一定程度上，这样的腿部动作是带有很强的攻击性的，不过如果我们把这样的姿态转换为坐姿，就会将原本的攻击性质隐藏起来，更多地表示出一种防御性的意思。

这种特殊腿型的标准坐姿是：将一条腿的脚踝放置在另一条腿的膝盖上，两腿交叉形成一个阿拉伯数字“4”的样子，这是半封闭型的腿型。还有另外一种全封闭型的腿型，这就是在上面腿型的基础上，将我们的双臂分别放在翘起的这条腿的脚踝和膝盖上，将这条横置的腿紧紧地拉住，从而形成一种全封闭的肢体姿势。

在世界各地，这种腿部姿势的含义是不同的：美洲地区的人们做出这样的动作时是在展示自己的自信和实力。而在中国或者一些华人地区，这种姿势则表示我们处在警惕、质疑、思考、犹豫的情境中。对旁观者而言，这是一种高傲、不礼貌的坐姿。因为我们通常认为，将脚尖指向别人代表着踢的意思，将脚掌指向别人则代表着踩的意思，所以我们的脚尖和手臂所朝向的某人会认为我们对他是带有敌意的。在中国的社交环境中，这种腿型可以说是交际中的大忌，很容易引起对方的敌意，所以在正常的交际中我们还是尽量不要做出这样的腿部姿态。

第三节　胆怯腿

古时候的人类生存环境恶劣，常被猛兽、严寒、饥饿所困，怕被吃掉、怕被冻死、怕被饿死，这些突然的变故和不顺利的事情都会给早期人类带来深深的恐惧，他们会尖叫、会逃跑。但在现代社会，我们遇到能吃人的猛兽、能冻死人的严寒、饥荒的机会很少。不过即便我们没有经历过极其令人恐惧的事情，也会看到或者听到一些令人害怕的事情。恐惧的感觉并不会完全消失，人类在面对恐惧事物时的应激反应会根据刺激源的改变而慢慢发生转变，形成了在生活环境中应对一些特殊情况时特有的肢体反应。

冻结腿的动作

人类在受到剧烈刺激的时候会有一个短暂的停滞期，这种停滞会发生在身体的各个部位。在腿部也会有这样明显的停滞反应，通常被称为冻结腿反应。生活中，腿部的冻结反应通常出现在站姿和坐姿中。

人们在滋生恐惧情绪的时候会下意识地停止腿部动作，然后下移身体重心，血液迅速回流，脚尖施力，做出双脚微微错开、脚跟向上抬起的逃离动作。每当出现这样的逃离动作就说明当事人已经进入警觉和防御状态，他的内心是充满焦虑、紧张以及害怕的。

人在站立的时候一般都是两腿平行站立，这是最常见的站立姿势，但若是一个正常站立的人遇到突发事件，这种站立的姿势就会立马被打破。举个例子，比如，我们站在马路边等公交车，这个时候忽然有辆汽车径直朝我们冲了过来。我们会第一时间停下所有动作，这个时刻双腿是保持僵立的，大脑快速调控身体、使血液回流腿部，做出之后的反应。如果汽车及时制动，这个时候我们可能会后退一步，然后愤怒地骂司机两句；如果汽车并没有制动，我们一定会迅速跳开，做出逃离的动作。

冻结腿在坐姿中出现得最为频繁。在交流沟通中，只要我们问某人一些他不想提及的事情，这个人一定会减少或者停止双腿的动作，两腿微微向内收，重心向脚尖移动，两脚一前一后轻微错开。只要我们紧追这个问题不放，对方就会马上起身、借口离开。

人在胆怯的时候会有冻结腿的反应，是因为害怕被他人探知一些不可告人的秘密，因此对这种坐姿中的冻结反应的观察多应用于警方对嫌疑人的审讯中。在审讯室里，警官最开始审讯的时候，都是问一些嫌疑人不能作假的问题，同时观察嫌疑人此时的肢体动作和表情反应，然后在审讯过程中突然问及嫌疑人与案件直接相关的问题。这个时候，只要嫌疑人有异常的肢体反应，如腿部出现冻结反应，那么警官就可以重点审问这一部分。

胆怯腿的动作

倘若我们通过不同的方法知道了对方想要隐藏的事情，并且这个时候当事人不能逃离的话，那么他冻结在一起的双腿就会产生下一个肢体反应——胆怯腿。

人类在看到自己喜欢的东西时，会下意识地接近这个东西，而在害怕某种东西时，则会下意识地远离这个东西。这种远离自然也会体现在我们产生胆怯情绪时的双腿上，我们会不由自主地把已经冻结的双腿向内收，有些人可能会只收一条腿（这种肢体反应说明当事人可能还没有放弃逃离的想法），与此同时，腿部还会微微地颤抖。

我们在根据这样的腿部动作去判断当事人内心的真实情绪的时候，一定要注意分辨这种动作出现的时间和环境。比如，两个人在谈话还没有开始的时候，其中一个人忽然做出将一条腿收缩并且抖动的动作，这种情况可能是当事人想要以一种舒服的坐姿使身体更平衡，或者是通过抖动的双腿缓解心中的紧张焦虑，并不能武断地判定对方是出现了胆怯情绪。但如果是在我们谈话过程中聊到了某一方面或某个人、某件事的时候，其中倾听的一方或者是和聊天内容相关的一方突然做出上述腿部动作，便可以判定对方要么是不想参与这个话题的讨论，要么是这个话题的内容会对自己产生很不好的影响，他迫切地希望停止这个话题的讨论。这种情况下的身体反应说明倾听者已经产生对话题的恐惧情绪，导致双腿开始“胆怯”。

在生活中，我们应该细心观察身边人的肢体反应，尤其是较为诚实的腿部应激反应，这是最有效果的揣测别人心思的方法。如果我们在销售某件产品的时候观察到顾客做出这样的肢体反应，那么说明这位顾客对谈话过程中的某些内容产生了疑问、对购买这种产品产生了抵触，所以我们可以尝试换一个话题与客户继续沟通。有经验的警察很喜欢观察别人的腿部，很多缉毒警察在列车或海关巡查的时候，会对那些看到自己后做出腿部收缩或抖动动作的人进行重点盘查。

站姿中的逃离动作

在站姿中，人们有时也会做出一种逃离动作，这种动作一般是将脚尖的指向转移，如果这种情绪很强烈的话，还会带动身体的转移。这种动作的程度由我们谈话的对象和我们讨论的话题所决定。

如果是在与朋友之间的聊天过程中，对方突然将脚尖转向一边，可能是这位朋友对我们所谈论的事情不感兴趣或有些反感，希望能够结束这次讨论。这种站立中的逃离动作也有着不同的程度：如果对方只是将脚尖移到一边，说明对方已经产生了反感的情绪，但是这个情绪还没有发展到很强烈的地步，此时我们若是能够迅速察觉、及时调整话题，很可能会重新引起对方的兴趣；如果对方不仅仅是将脚尖转移到一边，还将上半身也转向一边，则说明现在的话题根本无法继续进行下去了，想要挽留对方，就必须拿出能足够吸引对方的新话题来。

还有一种极端的肢体动作，它一般不会在朋友之间的聊天中出现。倘若在谈话中，对方不仅仅把脚尖、身体转移到一边，甚至不断做出抬腿跺脚的动作，说明对方的逃离欲望非常强烈，这个时候的腿部动作才是最完整的腿部逃离反应。约束对方没有马上逃跑的原因很可能是谈话另一方的身份，比如，妈妈教育儿子、上司质询员工等。

如果某人的谈话对象是一位在例行检查的警察，在与警察对话时，这个人突然做出脚尖转向、侧身离开、跺脚或者抬腿的动作，警察会下意识地一把抓住他，并且态度立刻变得严厉起来。因为在警察眼里，这种身体反应就是明显的逃离反应，做出这种反应的人一定有不可告人的秘密，试图隐瞒某些事情来躲避应有的惩罚。

第四节 特殊腿

人们腿部动作的种类繁多，除了一些含义真切、直观的腿型之外，往往还有一些含义特殊的腿型出现在生活的某个方面或者某一场景中，它们也同样具备深刻的含义。对这些腿部姿态的解读，能让我们在特殊的环境中准确地把握对方内心的真实情绪。

抱膝的动作

生活中有一种保护性的腿部姿势，通常是将双手抱成环状、把左腿或右腿抱在身前。这种动作就像是在身前设置了一处屏障，通过这个屏障将自己与外界隔离，表现出当事人内心的无助和孤独，这种无助感使得当事人的精神高度集中，对外界的一切都产生一种警惕心，拒绝别人靠近，这种高度敏感的状态也说明当事人缺乏安全感，内心充满警惕和防备。

仔细观察这种抱膝在身前的动作就会发现，这个动作除了在身前人为地制造了一个屏障之外，这种将抱起的腿悬空、整个脚向前伸的姿势也像极了一个踢踹的姿势。也就是说，这种腿部姿势是带有攻击性质的，若不是被双手所环抱着，那么很可能这一脚已经踢出去了。

不过在日常交际中，这种动作并不常见，很少会有人通过这种姿势来表明自己的态度，如果我们在生活中看到了这种动作，那么理解好它所带有的隐含信息就显得很重要。

特别是在商业谈判中，要是对手做出这样的动作，不仅代表着对方不会和我们进行合作，而且他的心中还会产生我们所提出的要求是在攻击或侵害他的利益的感觉，说明对方已经开始怀疑和责怪我们了，只不过在环境的制约下不便于发作罢了。所以在谈判中一旦遇到这样的腿部动作，我们就应该马上考虑自己的方案是否有不足或者影响对方的地方，以便及时地做出更改或补充。

假如是在男女之间的约会中，男方做出这样的腿部动作（女方很少会出现这种动作），那么女方就应该思考一下是不是自己的哪个话题出了问题，引起对方的排斥和反感。假如在思考后发现并不是这些因素影响了对方，那么这个时候女方就要考虑终止这次约会了。

双腿前伸的动作

前文曾讲过，生物具备很强的领地意识，无论哪种生物都只有在自己的领地中才能真正地放松下来，人类更是这样。领地和空间的把控范围从根本意义上代表着当事人所把控的资源的多少和权力的大小，空间和领地越大，意味着权势、能力越高，甚至从潜意识里产生一种能够呼吸更多空气的奇异舒畅感。这和我们买房置屋的道理是一样的，在资金充足的情况下，很少会有人选择面积小的房子作为自己的住房。

当人们处在狭窄的环境中常会感到内心压抑，这种压抑迫使人们做出扩展空间的行为。我们来举个例子，现代社会城市化进程不断加快，人们都向大城市会聚，所以我们经常会看到公共交通设施内人挤人的情景。每当拥挤的状况出现，因为自己身边空间的缩小，人们的大脑就会自动激活应激反应。所以挤在一起的人都会特别敏感，随时注视着距离自己近的人。如果有人下车，我们都会本能地向空旷的地方走去，使得自己能够处在一个相对较大的空间内。这不仅仅是人们对相对宽阔空间的心理需求，更重要的是为了减弱自己的应激反应，使自己从紧张的状态中恢复并处于相对轻松的状态。

倘若自己的生存空间被压缩或者被侵入，那么这种行为就会引发当事人的高度警觉和攻击性行为。人们通常会使用自己的四肢，比如，在站立的时候会通过张开的臂膀和跨立的双腿来展示、标注自己的领地。其实我们伸展四肢做出一些扩张性动作更像是为了向侵入者示威，希望对方看到我们的动作后自行后退，这种行为不仅仅是为了标识自己的领地，更多的则是为了寻求心理上的安全感。

在现代社会中，人们会通过无意识的行为去扩展自己的空间，通过不断地扩展和标识空间来获得自己心理上的控制欲和支配权。在扩展空间的方式中，最具代表性的一种姿态是在基础的坐姿上加以改变而成的。我们通常会将后背靠在椅背上，将双腿尽可能地向前伸（以舒适为最终目的），占据的空间越大或者身体感觉越舒服，内心的优越感和安全感也就越充足。所以我们经常看到本来端正地坐在椅子上的人没过一会儿就会不自觉地将双腿慢慢伸开或将双臂展开，借助这些动作来获得更多的活动空间。

用腿调整身体重心的动作

人体是左右对称的，所以当人类正常站立的时候，身体的重心会保持在人体的中轴线上，这个时候的姿势是正常性质的站立姿势。我们在遇到自己喜欢的东西或人时，除了会去主动接近之外，还会将自己的身体重心向对方靠近，由此形成了一种特殊的身体姿势。

在生活中，身体重心的偏移是非常常见的，我们还可以通过两人不同的站姿来分辨这两人的主从关系。比如，两人并肩站立，左边的人正常直立，右边的人做出左腿向右伸展的动作，如若只观察上身的话，可能只能判断出右边这个人左肩膀有些低，并不能得到什么有用的结论，但是我们通过他向右伸出的左腿，就能判断出右侧的人是顺从左侧的人。如果左右两侧站立的人都是男士，就很可能表明左边的男士是有决断权的，即便他们的身份平级，但是在遇到一些需要下结论做判断的事情时，右边的人还是会选择听从左边的人的意见。

通常情况下，我们认为这个主动将重心靠向对方的人是喜欢另一方的。如果左边的人是男士，右边的人是女士，这就表示右边的女士喜欢左边的男士，而男士则表现得比较平和，说明他对这位女士的喜爱程度有限。在生活中，我们甚至可以通过夫妻的照片中双方重心偏移的程度来判断出他们彼此间的关系，是丈夫喜爱妻子多一些还是妻子喜爱丈夫多一些。

人类的身体是不会说谎的，腿部更是非常诚实的部位，我们通过观察腿部的细微动作就能够正确地掌握当事人真实的内心情绪。所以在察言观色的时候，千万别忘了将视线下移，留意对方的腿部姿态，通过对这些个体反应信息的收集，更有利于我们辨别、寻找到最合适的话题和最优质的方案，这才能在生活工作中更好地了解他人，做到别人做不到的事情，领略到别人领略不到的风景。

第九章

个体语义

和语调突然抬高相反的就是语调的突然下降。人们在正常的谈话中都有着一定的节奏，在汉语中更是讲究抑扬顿挫的语言环境，这样讲出的话才更加生动好听，也就是说，我们正常讲话的过程中不应该出现语调突然下降的情况。

第一节　个体语义、语言、语音

如果我们想正确地认识个体语义，首先需要对语言有一个清晰的认知。

在现代人的生活中，语言是使用频率最高的表达方式，也是人类最重要的交流工具。语言本身就是人类为了便于表达心中的想法而创造出来的，通过不同的发音代表不同的含义，以起到沟通交流的目的。语言是思维的载体，是随着人类的发展而不断演变的，所以它具备了可变性、伪装性，因此我们通过嘴巴讲出的语言很有可能是谎言。

人类在正常的情况下，所说所讲与所作所为表达的都是同一个意思，或者说它们是相互关联、相互辅助的。换言之，语言和肢体运动本应该是相协调的，但若是我们在沟通中所做出的一些肢体动作和发出的语言信息并不协调，那么说明我们所要讲的内容是虚假的。

虽然人的身体往往是诚实的，有什么样的情绪就会产生什么样的肢体反应，但是因为一些身体反应或许不该在某些场合出现，或者我们认为自己的内心情绪不应该被表现出来，意识到这一点后，大脑就会在身体做出反应的时候马上控制住语言系统，指挥它做出言辞上的掩饰，从而吸引他人的注意力，将自己做出的一些突兀性的动作掩盖住。比如，男孩在和自己喜欢的女孩一起逛街的时候试图靠近对方，并且希望能够拉住对方的手。在做这个尝试性的动作时，聪明的男孩总是试图给对方讲一些东西去吸引女孩的注意力，以便自己神不知鬼不觉地拉上对方的手。

由此可见，如果仅凭一个人的话语去猜测他的内心，我们很可能被谎言所蒙蔽。别人说出的既可能是单纯性的谎言，如信口雌黄、胡言乱语，也可能是一些为自己的行为打掩护的、目的性很强的谎言，如闪烁其词、造谣生事、文过饰非。想要从对方的言辞中听到事情的真相，或是越过他的言辞去挖掘出他要隐藏起来的东西，我们就必须避免局限性地理解语言的含义。

语音是内心深处的声音

语言本身有着丰富的含义，我们往往会被语言本身所附带的含义吸引注意力，所以人们习惯性地相信语言自身所表示的含义，而忽视了语言音调（就是语言的载体、语言的声音，也称作语音、语调、音调）所带有的含义。

人类语言的音调是传递信息的重要途径，是人类语言的代表性属性。语言的最初形式是由语音组成的，之后才慢慢形成了语言。语音是语言的决定性支撑，是语言的“情感”。

我们都知道语言是需要经过后天学习的，人类出生的时候只会发出一些简单的音节，这些音节是没有规律的。随着年龄的增长和后天的学习，我们的发音慢慢地就会有一定的规律和特点，一直到接受了足够的教育后，我们的发音有了一定的规范，这个时候的发音和语调才是具有研究价值的。所以本节只对成人化或接近成人化的语音做出语义方面的阐述分析。

每个人的声音都具备着独特的色彩,这种特殊性被我们称为“音色”，我们通常会根据声音发生时间的长短、声音的强度、音调的高低来辨别这些声音的含义。那我们又是怎样通过这些东西来判断出他人所表述的言语中含有谎言成分的呢?

我们知道，人类的语言从发音到书写都有一定的规范，比如，汉语以普通话为标准，这和英语以美式英语和英式英语为标准是同一个道理。也就是说，当我们在正常情况下需要描述任何事情的时候，语音音调都应该有一个公认的标尺，什么字发什么音、怎么读、传递什么意思，这是大家的共识。如果我们在沟通中描述一些事物的语言音调不同于正常的发声规范，那么很可能说明这次所描述的话语并没有如实反映事物的原貌。

虽然语言的内容很容易被伪装，但是语音的音调不会如此，因为音调的控制权在我们的潜意识里，所以有什么样的情绪就会有什么样的音调，不管是开心、伤心、愤怒、忧伤、恐惧，还是担忧，都会有特定的语言、语调与之对应。换言之，如果我们说出这样的语言或者发出这样的语调，就表明我们的内心也产生了与之相匹配的情绪。

在心理学的研究中就有一个流派——法国拉康流派。他们进行心理治疗的时候就是主要根据患者的声音来判断患者真实的内心情绪。他们认为，人类在内心平静的时候若是要表达一些观点，那么他的语言会非常流畅优美，婉转动听，符合正常的发音秩序。但是如果患者心中带有一些复杂情感的话，那么他讲话的时候就会自然地带上这种情感。因此，治疗师会把这些有变化的音调作为突破口来分析患者的真实心理，借用这条途径来快速地达成治疗效果。

第二节 个体语义和语调语气

语调的抬高

绝大多数人在心烦意乱、生气紧张、不知所措、过度自信的时候都会通过提高音调来表述问题，他们看似是在言之凿凿地强调某些事情，但实际上却意不在此。心理学研究表明，人们在正常的语言表述中，只有在对一些观点理论不确定的时候才会通过慢慢提高声音或者突然提高声音的方法来给自己以心理安慰，同时也有通过拔高的声音来征询其他人意见的意思。而其他心理因素导致的声音突然拔高则很可能是在刻意隐瞒什么，或是通过语言上的气势汹汹来为自己谋得话语权。

熊明是一位技术员，每天都要面对很多技术性问题。这些问题千奇百怪，单靠自己的力量是不能完美解决的。所以熊明喜欢和同事们一起讨论平日里所遇到的技术问题，大家一起来寻找解决办法，这样不仅可以提高工作效率，还可以使自己增长不少见识。

这天，熊明又和几个同事一起讨论一个维修系统故障的问题，可是在讨论中熊明和一位老同事的意见相左。虽然熊明的办法可行性非常高，可这位老同事也是经验丰富的元老级人物。几番争论之后，这位老同事的方案处于下风，他的面子有些挂不住了，所以在接下来的谈话中，他突然提高了自己讲话的声音，虽然在道理方面这位老同事还是处于弱势，但是在气势上占据了上风。

熊明也是一个非常精明的人，为了不影响彼此间的关系，便在自己处于下风的时候及时避让，让老同事获得了一定的心理平衡。老同事也是一个明白人，知道自己理亏，而且见熊明也保全了自己的面子，于是主动放低声音示好，一场危机就这样被熊明巧妙地摆平了。

有句俗话讲得好："有理不在声高。"这句话描述了生活中很常见的一种情况：在双方的讨论中，突然拔高音调的人往往是没有道理的一方。其实熊明很理解这位老同事的内心，对方之所以提高声音是因为想要从气势上占据优势，使彷徨无助的内心找到平衡。对方并不是在强调自己的方案的正确性，只是在坚持维护自己的面子而已，希望通过拔高的音调来起到虚张声势的作用。

如果有人在讨论一个问题的时候突然拔高音调，说明这个发出高音的人所描述的内容中带有一定虚假成分，在讲出的时候为了防止我们识破他的谎言就以提高音调的形式来吸引他人的注意力，同时也给自己造声势。若是在音调拔高之后，他还是一味地抬高声音讲话，就更加说明这个表述者所说的话是谎言。

在生活中，如果某个人在谈话中突然提高音调去强调某个东西或者某件事情的时候，其他倾听者都会瞬间有一种不真实感，有些人还会反问道："真的吗？"这也和我们潜意识中会将这种突然提高音调的行为判定为谎言有关。

语调的下降

和语调突然抬高相反的就是语调的突然下降。人们在正常的谈话中都有着一定的节奏，在汉语中更是讲究抑扬顿挫的语言环境，这样讲出的话才更加生动好听，也就是说，我们正常讲话的过程中不应该出现语调突然下降的情况。

实际上造成语调突然下降的原因有三个：第一，当我们所要谈及的内容引发我们回忆到某些不堪回首的经历或悲伤的事情时，语调会突然下降；第二，我们想要结束这个话题、离开这个场景的时候，语调会突然下降；第三，我们对自己所描述的内容没有自信或是对某些事情没有把握的时候，通过这种下降语调的方式企图使自己蒙混过关，也就是说，这个时候当事人所描述的内容中大多有谎言的成分。

比如，人们在讲话的时候喜欢举例子来佐证自己所提及的观点，如果自己所讲的内容符合现实，那么就很容易找到与之相符的故事，原原本本地讲给他人；倘若这个观点是编造的，那么在举例的时候就要去编造一个完整的故事，在讲到一些虚构的时间、地点的时候，人们就会试图通过降低音调的方法来躲避他人的注意力，企图蒙混过关。

语气的加重

人们在谈及自己的亲身经历或一些感触颇深的问题时，都会不自觉地加重语气。语调的加重和语调的拔高还是有所区别的，听起来就像是一个男低音、一个男高音一样。我们可以用“语重心长”这个成语来体会语调的加重，就能感受到语气加重与大声说话不一样。

我们在关注一些事情的时候，会在潜意识里将这个东西和“重”挂上钩，就会把这些有分量的事情以加重语气的形式表现出来，通过这些带有“重量”的言语来感染他人，让他人知道这些事情的重要性。这是在无意中流露出的语气加重。

此外，我们还会在另一种情况下加重语气，有意强调一些东西。如果语言行为出自刻意的表达，那代表着语言内容非常容易受到高级脑功能的干预，也就是说，这种情况下所说的话很可能是谎言。比如，在现代社会中，很多人表示自己视金钱如粪土，但是往往在涉及钱的话题时都会不由自主地加重语气，尤其是刻意强调“我视金钱如粪土，我才没有那么拜金呢，钱对我而言没有更特别的意义”，这恰恰说明说话者口是心非、表里不一，其实在他的内心，钱的地位还是很重要的。真正视金钱如粪土的人是不会在钱的话题上滔滔不绝、越说情绪越高涨的。

第三节　个体语义和语速停顿

我们每个人都可能经历过这样一种尴尬的情况：在被他人突然问及某些问题的时候，自己会出现一些言语紊乱的情况，一般表现为词语的重复、打结或者停顿，如“啊……”“嗯……”“这……这……是这样的”“对……对……可以这样说”。

语言的停顿

我们知道正常的言语表述是有停顿的，但是这种停顿是遵从语法的要求，在该停顿的时候停顿，不该停顿的时候不停顿。如果我们在谈话中不该停顿的时候突然停顿了，那就说明是别的原因影响了我们。出现这样的情况主要是由两种原因造成的：

第一，因为对方提出的问题超出了当事人的意料或过于突然，当事人还没能反应过来，大脑没有组织好相应的语言来应对。假如直接停顿下来回应对方的话，会使彼此间的谈话气氛很尴尬，所以当事人就会用这样的语言形式来回应对方，同时也为自己调整思路、组织语言争取足够的时间。

第二，停顿会在当事人准备说谎的时候出现。这个时候，当事人的大脑意识到如实回答这个问题可能会导致一些恶性结果，正是这种危险的信号使当事人的大脑出现一定程度的思维紊乱，只能先以一些简单的音节来搪塞对方。如果我们在生活中遇到对方在回答问题的时候出现一定的打结、无意义重复的情况，最好要小心听取、认真辨别，因为很可能对方所表述的言论是临时编造的谎言。

颤抖式发音

人们在一些特殊情况下会出现一种独特的发音方式——颤抖式发音，这种发音方式很容易引起别人的注意。

生活中能够引起我们发音颤抖的事情并不多，除了天气寒冷和先天性疾病以外，能够引起这种情况的原因有两种：第一种情况一般是当事人的内心充满了恐惧或紧张的情绪，这种情绪的产生使我们的呼吸速度和频率陡然增快，在这个时候发出的声音就会以颤抖的形式表现出来；第二种情况就是外在压力巨大，心中产生了激烈的冲突，从而对发音系统产生严重的干扰，便会出现这种发音颤抖的现象。

其实在生活中，第二种发音颤抖的情况是说谎的重要表现之一。比如，如果我们经常观看一些法制节目，就会发现嫌疑人在接受警察审讯的时候，其发音往往都是颤抖的。因为在大脑的潜意识中，通过颤抖的发音可以起到欺骗倾听者的耳朵的作用，让他们将关注点放在发音上。有一些真正的嫌犯在面对审讯的时候想要狡辩，但是又害怕警察已经找到证据，在强烈的外界压力下内心充满了矛盾，这个时候他的发音也是颤抖的。

语速的快慢

在一定程度上，人们说话时的语速和他的情绪、性格、气质有着密切的关系。比如，人在焦急的时候，语速就会快一些，抑郁的时候，语速就会慢一些；性格急躁的人语速会比较快，性格平和的人语速则比较慢；豪爽的人说话的语速会快一些，气质沉郁的人说话会慢一些。

最重要的是，人在说谎的时候语速会快一些，不过这种情况一般出现在当事人事先已经编好谎言的情况下，此时大脑会急切地将已经编好的谎言表达出去，以此来达到掩盖重要信息的目的。比如，在正常的沟通交流中，如果没有外界其他因素影响，也就是说，当事人的内心情绪原本不应该产生变化的时候，他却突然加快语速，那么他所讲的内容就很值得我们深思。

俗话说："语迟则人贵。"这句话是有一定道理的，人们在很多情况下，会不由自主地放慢自己的语速，不过相对于语速加快来说，导致语速过慢的原因要复杂一些。人们一般在三种情况下才会出现语速放慢的情况：

第一，我们的大脑在组织语言。为了能够使自己的回答更精彩、全面或比较精辟、有哲理，我们会放慢说话的语速，通过这种办法来为自己赢得准备时间，这种情况一般在面试的场合比较多见。

第二，当事人内心的情绪比较复杂或想要表述的问题比较多，一时不知道从何说起。还有可能是对这个问题的看法比较矛盾，自己也不能说服自己，所以在这种情况下就会产生犹豫不决的情绪，从而导致说话的语速慢下来，为自己争取更多的时间以便做出明确的决断。

第三，和说谎有关。这个时候因为大脑已经准备开始撒谎，但是说谎的行为又让其内心不安、犹豫、愧疚、内疚甚至恐惧，令当事人的表达状态受到影响，才使他不得不放慢语速来给自己增加平复情绪、回归常态的时间。但是如果下定决心撒谎的话，那么他的语速就会加快，如果一直不能下定决心且一再被逼问的话，他就很可能出现打结或吞吞吐吐的情况。

第四节 语言内容中的谎言

中华文化的博大精深使我们的语言也深奥无比，比如在汉语中，同一句话通过不同的方式读出来就会有不同的意思，同样的意思也可以通过不同的方式来表达。

事实上谎言也是一种语言的形式，也就是说，谎言同样有自己独特的特点，既然如此，对这些特点和形式的解读就能帮助我们辨别他人的真实意图，并且在他人向我们撒谎的时候能够明察秋毫，尽可能地减少自己的损失。

省略式回答和复述式回答

如果对方向我们提了一个问题："你昨晚去哪儿了？"我们一般会有两种回答，第一种是"学校"，第二种是"我昨晚去学校了"。这两种回答方式看似表述了同一个问题，但性质是完全不同的。第一种回答方式是省略式回答，这种回答方式是根据提问者问题中的重点进行回答；第二种回答方式则是复述式回答，这种回答方式是将对方提问的主体进行复述，然后将答案嵌入问题中。

经过研究发现，在这两种回答方式中，省略式回答是直奔主题的、直接对提问者的问题做出反应，一般不会令对方产生误解。尽管复述式回答在很多时候也不会引起歧义，但是因为这种回答方式一般都是忽略当时所处的语境而专注于对方的反应来回答，甚至会以答非所问的形式回答，因此很有可能是在说谎。复述式说谎还分为全复述和半复述两种形式，区别就在于复述提问者的问题的程度，越接近全复述的回答模式，越表明这个人说谎的嫌疑很大。

无主语或者省略主语的回答

另一种谎言的表述形式是无主语形式，这种形式的表述是绝对否认性质的表述，通过模糊的概念和拒绝回复提问者的任何问题来达到说谎的目的。我们在表述正常语句时也会在一些情况下出现省略主语的情况，但是只要这句话不离开这个语言环境，就表明这句话还是有主语的。而无主语的回答形式完全可以将这句答复摘出来，不管放在哪里，这句话都有自己的含义，如“不知道”。

通过实验发现，无主语或省略主语的形式都会引起人们潜意识的注意，因为这种省略代表着一种逃离，有推卸责任、隐藏深层次秘密的意思，这就说明，说这种句式的人说谎的嫌疑很大。比如，警察审讯犯人时，犯人在回答一些关键性的问题时都会用“记不清了”“不知道”“没注意”之类的回答来混淆视听，推卸责任。

转移话题的回答

在交流沟通中，我们都会回避一些自己不想回答或者不能回答的问题，转移话题就是惯用手段，一般有以下两种形式：

第一，直接转移话题，忽视对方的提问。这表示我们所提问的问题就是对方想要掩盖的事情，而且可以根据对方所转移的话题对提问者的吸引力程度来判定这个问题的答案对提问者的重要性。

第二，先敷衍性地对提问者的问题进行回答，然后马上转移话题。这种敷衍的回答首先不会让对方得到任何有效的信息，然后再迅速地转移话题来吸引对方的注意力，这种回答方式属于隐瞒性的典型谎言模板。

答非所问式的回答

我们隐藏谎言时使用最多的一种方法就是答非所问。这种回答的方式会回答一些相对熟悉、平和可信的答案给对方，就是为了掩饰更重要的信息，防止自己所隐藏的秘密被暴露出来。这样做，一方面，可以减少自己回答的时间，以防因为准备时间太久而引起对方的疑心；另一方面，回答的内容中有对方也知道的信息，就可以给对方以代入感，从而引开对方对上一个问题的注意。这是隐藏谎言最常用的行为方式，但是这种隐瞒谎言的形式也最容易被提问者识破。

胡编乱造的回答

谎言的另外一种掩盖方式就是通过编造一些虚假信息来蒙混过关。因为这个时候用来回答问题的内容是胡编乱造的，为了能够使这个回答更圆满、更真实，大脑就会想尽办法去组织更多的信息来为自己的谎言增加伪装，试图让对方相信自己编造的事实。

但是你们知道吗？其实很多时候口误才是谎言的最大破绽，即便是一个最精明的说谎者也会在一些情况下出现口误。比如突然忘记一些熟悉的名字、写错字等行为都是一种典型的自我招供。这是因为在潜意识的支配下，人们在面对一个问题的时候，第一反应就是说实话，所以说谎者在说谎的时候，他的内心有着激烈的冲突，只能通过超强的自我压抑去实现谎言的“合理化”。在这种自我压抑的状态下，说谎时编造的信息量越多，出现漏洞的地方就越多，就越容易被人识破。因此，口误不仅能够为我们识破谎言提供一定的提示，在一定程度上还折射出一个人的内心想法和真实感受。